영부터 무한대까지

경문아이콘 4

FROM ZERO TO INFINITY
영부터 무한대까지

무엇이 수를 흥미롭게 만드는가

Constance Reid 지음 · 허 민 옮김

KM 京文社

차 례

옮긴이 머리말	ix
감사의 글	xi
지은이 머리말	xiii
0	1
1	21
2	40
3	55
4	77
5	95
6	109
7	127
8	148
9	164
e	181
$\aleph_0$	205
찾아보기	229

0, 1, 2, 3, 4, 5, 6, 7, 8, 9, ...

이 책의 주제인 자연수는 이를 표현하는 열 개의 숫자와 함께 끝나지 않는다.[1] 세 개의 점이 지적하듯이, 자연수는 무한대까지 한없이 계속된다. 그리고 자연수는 대단히 흥미롭다. 왜냐하면 흥미롭지 않은 자연수가 있다면 필연적으로 흥미롭지 않은 가장 작은 자연수가 존재해야 하는데, 이 이유 하나만으로도 매우 흥미롭기 때문이다.

---

1. 이 책의 저자 콘스탄스 리드는 0을 자연수로 취급하고 있다.

옮긴이 머리말

누구나 말을 배우면서 동시에 수를 배우기 시작한다. 이런 과정에서 수의 신비로움과 필요성도 함께 알게 된다. 이런 수는 수학의 기본적인 연구 대상이 되었다. 수 개념의 발달 및 확장과 함께 수학이 발전되어왔음을 역사를 통해 확인할 수 있다. 수를 신비로운 대상으로 생각했던 선조로부터 학문의 기초로서 수를 다루는 현대 수학자까지 수의 중요성에 대한 인식은 언제나 한결같다.

    1955년에 처음 출판된 콘스탄스 리드(Constance Reid)의 **영부터 무한대까지**는 수에 대한 신선한 접근 방법과 명확한 설명으로 독자들을 매혹시켜왔다. 이 책은 수학과 수론의 역사를 결합시키고 있으며, 뛰어난 수학자들 사이에도 존재하는 수에 관한 신비주의를 설명하고 있다. 이 책을 통해 영과 자연수 및 유리수와 무리수의 역사적 발달과 함께 그 의미를 되새겨 보게 된다. 또, 무한과 초한 기수에 대한 이야기를 통해 현대 집합론의 내용도 엿볼 수 있다.

　간결한 문체와 단순한 구성은 독자로 하여금 이 책을 반복해서 읽게 만들고, 읽을 때마다 더 큰 이해와 만족감을 주고 있다. 컴퓨터의 놀라운 발달과 함께 거대한 수들의 본질이 더욱 깊이 있게 연구되었기 때문에, 이에 해당하는 부분이 제4판에서 보완되었다. 이 작은 고전은 리드의 최초의 저서로서, 일반 독자를 위한 수학 책으로서의 특별한 지위를 확보해왔다.

　이 번역서는 4년 전에 이미 출판되었었다. 이번에 오역을 바로잡고 문장을 다듬어 출판하게 된 것을 매우 기쁘게 생각한다. 번역 허가와 출판을 맡아준 경문사 박문규 사장님과 편집실 여러분에게 감사드립니다.

1997. 6.

옮긴이

감사의 글

1955년 **영부터 무한대까지**의 초판이 발행된 이래, 컴퓨터는 꿈에도 생각지 못했던 속도와 성능을 갖추게 되었다. 그 결과, 슈뢰더(M.R. Schroeder)가 '정수의 부활'(resurrection of the integers)이라고 부른 상황이 벌어졌다. 이 책에 언급된 거의 모든 문제와 주제는 그의 **과학과 통신에서의 수론**(Number Theory in Science and Communication, Springer, 1984)의 찾아보기에도 등장한다. 그러나 이 넷째 개정판의 주제는 초판의 주제, 즉 수에 대한 순수한 지적 관심과 여전히 똑같다.

'6'에 관한 장은 원래 약간 다른 형태의 글로 **사이언티픽 아메리칸**(Scientific American)에 게재됐었다.

나는 이 새로운 개정판을 준비하면서 거대한 수의 세계에서 이루어진 최근의 발전을 기록한 자료를 알려준 라이젤

(Hans Reisel), 리벤보임(Paolo Ribenboim), 와그스태프(Samuel G, Wagstaff Jr.)로부터 많은 도움을 받았다.

제부인 라파엘 로빈슨(Raphel M. Robinson)에게 특별히 감사드린다. 그는 누구와도 견줄 수 없을 정도로 수학적 개념을 간단하고 명확하게 설명해 주었다. 그는 아낌없이 시간을 내어 이전에 출판된 개정판들을 정성 들여 다시 읽고, 이번 개정판에서 잘못된 점을 지적해 주었으며 올바른 방향을 제시해 주었다.

이 책에 남아 있는 모든 실수는 전적으로 나의 책임이다.

지은이 머리말

나는 수학과 수학자에 관한 책을 쓰게 된 경위와 함께 **영부터 무한대까지** 제4판에 대한 소개를 요청받았다.

이야기는 사실 나와 여동생 줄리아(Julia)의 어린 시절부터 시작된다. 나는 글짓기를 좋아하는 소녀였고, 줄리아는 모래밭에서 조약돌 배열하기를 즐겼다. 고등학교를 다닐 때, 나는 학교 신문 제작에 거의 모든 시간을 보냈는데, 수학을 좋아하고 좋은 성적을 받았지만 대학 진학에 필요한 정도의 과정만을 선택했다. 반면에 줄리아는 수학에 전념했으며, 거의 남학생만으로 이루어진 학급에서 항상 최우수 학생이었다.

현재로부터 정확하게 40년 전인 1952년 1월까지 줄리아와 나는 모두 결혼했다. 그녀는 캘리포니아 대학교 버클리 분교의 수학자와 결혼했고, 나는 샌프란시스코 대학교의 법대생과 결혼했다. 줄리아는 저명한 논리학자 타르스키(Alfred Tarski)의 지도 아래 수학에서 박사 학위(Ph.D.)를 취득했고, 나는 단편 소설과 기사를 쓰는 자유 계약 작가로 일하고 있었다. 바로 이 때, 줄리아는 그녀의 남편인 라파엘 로빈슨이 제 2차 세계대전중에 발명된 새로운 고속 컴퓨터 중 하나를 위해 개발한 매우 성공적인 수론 프로그램에 대해 나에게 이야기해 주었다. 그의 연구의 수학적 본질은 나중에 이 책에서 설명되므로, 현재로서는 나의 관심을 끌었던 사실을 말하면 충분할 것이다. 그것은 이 새롭고 놀라운 '거대한 두뇌'(giant brain)가 상상할 수 있는 인간의 능력을 초월한 계산을 할 수 있고 75년 만에 최초로 새로운 '완전수'를 찾아낼 수 있었지만 그리스 시대 이래 수학자들이 숙고해 왔던 단순하고 기본적인 질문에 대답할 능력이 없다는 사실이었다. 도대체 그런 수는 얼마나 많이 존재할까? 간단히 말해서, 그것들은 유한할까? 아니면 무한할까?

나는 라파엘의 이런 연구에 관심을 갖게 된 뒤에, 이에 관한 글이 다른 사람들의 흥미도 끌 것이라고 생각했다. 나는 라파엘과 이와 관련된 수학에 대해 논의했으며, 그 연구가 이루어졌던 수치 해석 연구소(Institute for Numerical Anaylysis) 소장 레머(Dick Lehmer)와도 논의했다. 내가 쓴 글을 **사이언티픽 아메리칸**에 제출하라고 제의한 사람은 바로 레머의 아내 엠마(Emma)였다.

지은이 머리말

내 글 '완전수'(Perfect Numbers)가 1953년 3월에 발표되었다. 출판업자 크로웰(Robert Crowell)은 그 글을 읽고 매우 즐거워했으며, 내가 '수에 관한 작은 책'을 쓰는 데 관심이 있는지를 묻는 편지를 보내왔다. 그것은 의심할 바 없이 내가 받았던 제안 중에서 가장 놀라운 것이었다.

처음에는 그저 기쁘기만 했다. 그러나 곧 그런 책을 어떻게 쓸 수 있을지에 대해 신중히 생각하기 시작했다. 어떤 의미에서 **사이언티픽 아메리칸**에 실린 글은 최초의 완전수 6에 관한 것이었다. (자신을 제외한 약수 전체의 합과 같은 수를 완전수라고 한다.) 그렇다면 각 숫자에 관한 이와 유사한 이야기와 흥미로운 수들의 열에서 첫째로서 각 수의 특별한 중요성에 대해 쓸 수 있지 않을까?

나는 줄리아와 라파엘에게 수학과 수의 전설 및 역사를 혼합한 책을 저술하려는 생각을 말했다. 숫자에 대한 강조를 제외하면, 이것은 독창적인 발상은 아니었다. 이와 유사한 책이 벨(E.T. Bell), 단치히(Tobias Dantzig), 가모(George Gamow) 등과 같이 수학의 대중화에 큰 공헌을 한 사람들에 의해 이미 출판됐었으며, 나는 이 모든 사람에게 도움을 받아야 했다. 그들은 수학자이고 나는 수학자가 아니라는 사실이 차이점이었다. 그러나 줄리아와 라파엘은 수에 관한 책을 쓰려는 나의 무례함을 탓하지 않고 나에게 수학을 가르쳐 주기로 약속했다.

40년이 지난 지금, 이 새로운 개정판의 원고를 다시

읽으면서, 그들이 이룩한 훌륭한 성공에 놀라고 있으며 수들은 여전히 나에게 매우 흥미롭다는 사실에 놀라고 있다.

영부터 무한대까지는 1955년에 처음으로 출판되었고, 그 이후 미국과 그 밖의 나라에서 계속 발간되고 있다. 이 책을 출판한 뒤에, 수학적 개념들을 알기 쉬운 방법으로 설명한 두 권의 책을 더 썼다. 둘째 저서인 **유클리드로부터의 긴 여정**(A Long Way From Euclid)은 힐베르트(David Hilbert)라는 매혹적인 인물을 알게 만들었다. 그는 의심할 나위 없이 20세기 초에 가장 영향력이 컸던 수학자이다. 그에 대한 관심은 줄리아가 대부분의 연구 활동을 '힐베르트의 열째 문제'라고 부르는 문제에 몰두했었다는 사실 때문에 더욱 자극을 받았다. 이것은 힐베르트가 1900년 국제 수학자 대회(International Congress of Mathematicians)에 제시한 스물세 개의 문제 중 열째 문제이다. 힐베르트는 이런 문제들의 해결은 다가오는 세기에 수학에서 큰 발전을 도모할 것이라고 믿었는데, 실제로 그의 믿음은 옳았다. 그래서 나는 힐베르트의 전기를 쓰려는 생각에 어느 정도 강박 관념을 가졌다. 이것은 크로웰을 위해 수에 관한 작은 책을 쓰는 것보다 훨씬 더 터무니없는 생각이었지만, 나의 힐베르트 전기는 1970년 스프링거 출판사(Springer-Verlag)가 발행하였다. 다음에는 힐베르트의 제자로서 뉴욕 대학교 (NYU)에 쿠랑 수학 연구소(Courant Institute of Mathematical Sciences)를 창설한 쿠랑(Richard Courant)의 전기를 저술

지은이 머리말

했으며, 캘리포니아 대학교 버클리 분교에서 번창했던 수리 통계학과의 발전에 큰 공헌을 한 네이만(Jerzy Neyman)의 전기를 저술했다. 나는 현재 벨(E.T. Bell)의 전기를 쓰고 있는데, 앞에서 지적한 대로 벨은 수학의 대중화에 큰 공헌을 한 사람이며 뛰어난 수학자였고 공상 과학 소설의 선구자 중 한 사람이었다. 내가 이런 특별한 수학자들을 선택해서 전기를 쓴 이유는 모든 경우에 수학에 대한 그들의 헌신이 나를 감동시켰으며 수학에 대한 그들의 공헌이 그들의 큰 수학적인 업적 이상이기 때문이었다.

줄리아는 수학 연구를 계속했는데, 그녀의 연구 결과는 러시아의 젊은 수학자 마티야세비치(Yuri Matiyasevich)가 힐베르트의 열째 문제를 궁극적으로 해결하는 데 결정적이었다. 줄리아는 미국 국립 과학원(National Academy of Sciences)의 회원으로 선출된 최초의 여성 수학자가 되었으며, 미국 수학회(American Mathematical Society)의 회장을 역임한 최초의 여성이었다. 그녀는 1985년에 죽었다. 나는 어떠한 의미에서도 결코 수학자가 되지 못했지만, 줄리아와 나는 가는 길이 서로 달랐어도 적어도 교차하기는 했다는 사실에 모두 만족했다.

콘스탄스 리드

샌프란시스코
1992. 1. 3.

0

0은 무한히 많은 모든 수를 표현할 수 있게 하는 열 개의 아라비아 숫자 중 첫째 숫자이다.[1] 0은 또한 우리가 설명해야 할 첫째 수이다. 그러나 아라비아 숫자 중 첫째인 0은 가장 늦게 발명되었다. 그리고 수 중 첫째인 0은 마지막으로 발견되었다.

0의 발명과 발견 이 두 사건은 수의 역사에서 뒤늦게 나타났을 뿐만 아니라 동시에 발생하지도 않았다. 0의 발명은 그것의 발견보다 수세기 앞서 이루어졌다.

예수가 탄생했을 당시, 기호 또는 수로서의 0에 대한 개념을 어느 누구도 갖고 있지 않았다. 고대의 문명 사회는 각 수에 대해 서로 다른 기호를 사용하지 않고 수를 표현하

---

1. '수'와 '숫자'의 의미를 명확히 해야 한다. '수 0'은 '없음'을 나타내는 추상적 개념이고, '숫자 0'은 이를 나타내는 기호이다.

는 문제를 매우 유사한 방법으로 처리했다. 이집트 사람들은 적절한 형태의 그림을 사용했고, 그리스 사람들은 자신들의 알파벳 문자를 사용했으며, 로마 사람들은 초석에서 종종 볼 수 있는 몇 개의 간단한 선을 사용했다. 그렇지만 이 모든 사회에서 똑같은 기호들을 반복해서 사용할 수 있도록 수들을 무리지었다. 수의 표현은 가능했지만, 가장 간단한 산술 과정에서도 쉽게 조작할 수 있는 방법으로 수를 표현할 수는 없었다. 로마 숫자들을 곱하려고 시도해봤던 사람이면 누구나, 로마 사람들이 산술 문제를 풀 때 수를 표현하는 데 사용된 기호인 V, X, C, M 등을 외면하고 주판 위의 알로 답을 얻은 이유를 어렵지 않게 이해할 수 있을 것이다. 이집트 사람들과 그리스 사람들도 똑같은 방법으로 했다. 그러나 이 세계가 그 뒤 이천 년 동안 개발했던 수 표현의 가장 효과적인 방법의 진수가 바로 이런 주판 알에 있다는 사실을 누구도 인식하지 못했다.

    주판은 여러 문명 사회에서 다양한 형태와 이름을 가지고 있었지만, 기본적으로 평행한 열로 분할된 틀이었다. 각 열은 10의 어떤 거듭제곱의 값을 가지고 있고, 어떤 특별한 거듭제곱이 나타나는 전체 개수는 통상 알의 개수로 표현되었다. 모든 알은 외관상 동일했으며, 각각 하나의 단위를 나타냈다. 그러나 각 단위의 값은 열에 따라 달랐다. 하나의 알은 첫째 열에서 $1(=10^0)$, 둘째 열에서 $10(=10^1)$, 셋째 열에서 $100(=10^2)$ 등과 같은 값을 가졌다. 이런 이유에서, 폭군이 지배하는 궁전에서 신하의 불확실한 생명을 때때로 주판 알과 비교해서 "어떤 때는 가치가 많고 어떤 때는 가치가 적다."와 같이 이야기되었다.

　로마 사람들이 CCXXXIV(234)와 CDXXIII(423)과 같이 글로 표현했던 수는 다음과 같이 주판에서 쉽게 구별될 수 있었다.

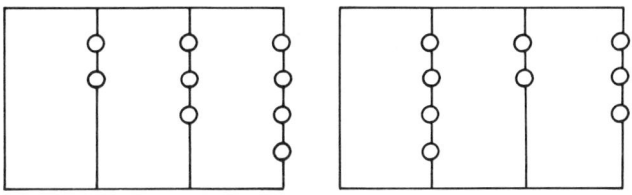

　오늘날 우리는 주판 위에서 수를 표현하는 이런 고대의 방법과 글로 수를 표현하는 우리의 방법 사이의 유사점을 즉시 알아볼 수 있다. 우리는 아홉 개의 알 대신에, 한 열에 있는 알 전체를 표현하는 아홉 개의 서로 다른 기호를 사용하고 비어 있는 열을 나타내기 위해 열째 기호를 사용한다. 아라비아 숫자라고 부르는 이런 열 개의 기호의 순서는 주판 알이 의미하는 것과 정확하게 똑같은 내용을 알려 준다. 즉, 234는 두 개의 100, 세 개의 10, 네 개의 1을 알려주고, 423은 네 개의 100, 두 개의 10, 세 개의 1을 알려 준다.

　간단히 말해서, 현대적인 **자릿수** 표기법에서 각 숫자는 수의 표현에서 차지하는 자리에 따라 서로 다른 값을 가지고 있는데, 이는 단순히 주판의 표기법을 영속화시킨 것에 불과하다. 주판 위의 수를 종이 위로 옮기는 데 필요한 것은 열 개의 서로 다른 기호뿐이다. 왜냐하면 각 열에는 하나, 둘, 셋, 넷, 다섯, 여섯, 일곱, 여덟, 아홉 개의 알이 나타나는 경우와 알이 전혀 나타나지 않는 경우의 열 가지 가능한 경우가 있기 때문이다.

비어 있는 열이 있기 때문에, 그런 빈 열에 대한 기호로서 열째 기호의 도입이 불가피하다. 이런 기호가 없다면, 다음과 같은 주판 위의 서로 다른 수를 구별할 수 없을 것이다.

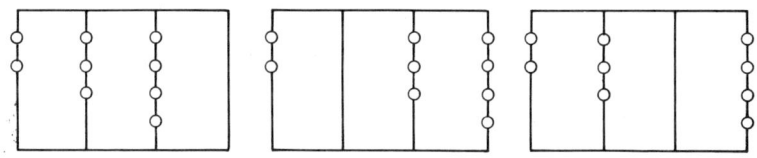

그런 기호가 없다면, 위의 예를 종이 위에 표현하면 모두 234로 똑같을 것이다. 그렇지만 그 기호를 사용하면 이것들은 2340, 2034, 2304와 같이 쉽게 구별된다.

주판 위에서 얻은 수를 처음으로 기록하기 원했던 사람은 누구나, 오늘날에는 0으로 표현되는 빈 열을 나타내기 위한 방법으로 선, 점, 원 등과 같은 기호를 자동적으로 적었을 것으로 여겨진다. 그러나 수천 년 동안 어느 누구도 그렇게 하지 못했다.

피타고라스도 그렇게 하지 못했다.

유클리드도 그렇게 하지 못했다.

아르키메데스도 그렇게 하지 못했다.

그리스 사람들조차도 0의 이런 엄청난 신비를 파악할 수 없었다.

이 책의 독자는 곧 발견하겠지만, 그리스 사람들에 대해 말하지 않고 수에 대해 설명하는 것은 불가능하지는 않더라도 매우 어렵다. 수학자들이 이 고대의 '동료들'에 대해 갖고 있는 존경심을 영국의 하디(G.H. Hardy, 1877-1947)는 다음과 같이 표현했다. "동양 수학은 호기심을 불러일으키는 흥밋거리일 수 있지만, 그리스의 수학은 실존한다. 언젠가 리틀우드[2]가 내게 말한 대로, '그리스 사람들은 영리한 학생이나 학자 지망생이 아니라 다른 대학의 동료와 같다.'"

0 또는 없음이 그리스 사람들에 의해 수로서 인식되지 못했던 사실은 신기로움 이상이다. 그들은 수가 흥미롭다는 이유 하나로 수에 관심을 가졌던 최초의 사람들이었다. 그리고 그들은 오늘날까지도 풀리지 않고 있는 몇 가지 문제를 수론에 남겼다. 그렇지만 그들은 수의 비밀을 찾아내는 데 관심을 가졌지만, 수의 용도에는 관심을 갖지 않았다.

---

2. J. E. Littlewood, 1885-1977

아마도 이것이 수로서의 0의 개념을 그들이 인식하지 못했던 이유일 것이다. 비록 수론의 많은 부분이 0을 필요로 하지 않지만, 0 없는 계산은 불가능할 정도로 어려워진다. 흥미로운 수에 몰두했던 그리스의 위대한 수학자들은 계산을 노예의 업무로 간주해서 이를 노예에게 맡겼다.

0을 세계에 퍼뜨리고 0이 포함된 실용적인 산술 표기법을 세계에 퍼뜨린 것은 인도였다. 서기가 시작되고 몇 세기가 지난 어느 시기에, 주판 위의 답을 영구적인 형태로 남기기를 원했던 이름 모를 어떤 인도 사람은 알이 없는 열을 나타내기 위해서 **슈냐**(sunya)라고 부르는 점을 고안해서 기호로 사용했다.

그래서 다른 모든 아라비아 숫자보다 뒤에, 아라비아 숫자 중 첫째인 0이 등장했다.

없음 또는 공(空)에 대한 기호의 발명은 그 인도 사람의 특유한 철학과 종교의 일면이라는 점이 지적되었다. 그러나 그 인도 사람이 발명한 점 슈냐는 수 0이 아니었다는 사실을 이해해야 한다. 그것은 단지 빈 공간을 지적하기 위한 기계적인 도구에 불과했는데, 실제로 그 단어 자체는 비었음을 의미했다. 인도 사람들은 아직까지도 방정식에서 미지수를 나타내는 기호로, 우리는 일반적으로 x로 나타내는데, 그와 똑같은 단어와 기호를 사용하고 있다. 그 이유는 공간을 적당한 수로 채우기 전까지는 빈 공간으로 간주되기 때문이다.

슈냐와 함께 기호 0이 발명되었다. 그러나 수 0은 발견되지 않았다.

마침내 그 인도 사람의 표기법이 유럽으로 전파될 때, 그것은 아라비아 사람들을 통해 '아라비아' 표기법으로 알려지게 되었다. 그것은 굉장히 우수했지만 즉시 받아들여지지는 않았다. 아라비아 숫자가 로마 숫자보다 훨씬 쉽게 위조될 수 있었기 때문에, 새로운 숫자를 상업 어음에 사용하는 것이 1300년에 금지되었다. 더욱 보수적인 대학 교수들은 로마 숫자와 주판을 고수했던 반면에, 상인들은 새로운 숫자의 유용성을 인식했다. 1800년대까지도 새로운 숫자가 유럽 전역에서 수용되지는 않았다.

표기법에 관한 혁명적인 사건은 빈 열을 나타내기 위해 아라비아식으로 **시프르**(sifr)라고 불린 점의 도입이었다는 사실을 누구나 인식하게 되었다. 이 새로운 체계 전체는 이 하나의 기호의 이름으로 확인되었다. 그것은 어떻게 단어 'cipher'가 0을 나타내는 것 이외에 모든 아라비아 숫자도 또한 의미하게 된 이유와 동사로서의 'cipher'가 '계산한다' (calculate)의 뜻을 갖게 된 이유를 설명한다('zero'는 그 뒤에 이탈리아 말에서 유래했다). 그러나 슈냐와 같이 시프르는 여전히 수가 아닌 빈 열을 나타내기 위한 기호였다.

오늘날에도 기호 0을 빈번히 사용하고 있지만, 이것을 언제나 수로 생각하지는 않는다. 타자기 자판이나 전화 다이얼에 다른 숫자와 함께 0을 나열하지만 9 다음에 배치한다. 값으로 생각하면 0은 9보다 크지 않기 때문에, 분명히 그런 곳에서 0은 수가 아닌 기호로서 나타난다.

　이 사실은 우리를 놀라게 하지 않는다. 왜냐하면 0은 일반적으로 수로서 사용되지 않는 아라비아 숫자이기 때문이다. 독자가 다음 몇 개의 문제에 답할 수 있다면, 수로서의 0을 다루는 것보다 기호로서의 0을 다루는 데 훨씬 더 익숙하다는 사실을 발견할 것이다. 독자가 알고 있는 0은 기호이다.

영의 이해

기호로서의 영	수로서의 영
$1+10=$	$1+0=$
$10+1=$	$0+1=$
$1-10=$	$1-0=$
$10-1=$	$0-1=$
$1\times 10=$	$1\times 0=$
$10\times 1=$	$0\times 1=$
$10\times 10=$	$0\times 0=$
$10\div 1=$	$0\div 1=$
$1\div 10=$	$1\div 0=$
$10\div 10=$	$0\div 0=$

답

수학자용 : 1, 1, 1, −1, 0, 0, 0, 0, 올바른 '음수는'
기호사용 : 11, 11, −9, 9, 10, 10, 100, 10, 10, 1/10, 1

왜냐하면 신기한 사실로서 기호 0에 존재 가치가 좌우되는 자릿수 산술은 종종 수 0 없이도 매우 잘 진행되기 때문이다.

주판 위의 빈 열을 나타내기 위한 기호로서 슈냐가 발명되고 수세기가 지난 뒤에도, 다른 수와 같이 더하고 빼고 곱하고 나눌 수 있는 수로서의 0을 파악하는 데 여전히 미숙했다. 고대의 수학 문헌을 연구하는 오늘날의 학자까지도 숙달 정도의 판정은 언제나 똑같다. 0과의 덧셈, 뺄셈, 곱셈 등은 비교적 작은 문제를 야기했던 것으로 여겨진다. 오늘날 어떤 사람이 이 신기하고 새로운 수 0을 진정으로 이해하고 있는지를 알아보려면, 언제나 0으로 나누고 0을 나누는 나눗셈을 얼마나 잘 다루는지를 확인하면 충분하다. 골칫거리를 야기했던 문제는 위의 간단한 시험의 마지막 세 문제와 유사한 것이었다(아마도 독자에게 문제를 야기시킨 것도 그와 같을 것이다).

$$0 \div 1 = ?$$

나눗셈을 표현하는 또 다른 방법인 분수식 0/1은 수학적으로 의미가 있다. 0은 다른 모든 수로 나누어 떨어진다. 이 경우 유일한 수가 된다. (수론에서, 어떤 수가 다른 수로 '나누어 떨어진다'는 것은 답이 정수가 되는 경우만을 의미한다.) 임의의 수로 0을 나누면, 답은 언제나 0으로 같다.

$$1 \div 0 = ?$$

반면에, 분수식 1/0은 수학적으로 의미 없다. 0은 자기 자신을 제외하면 어떠한 수도 나누어 떨어뜨릴 수 없으며, 분수식에서도 분모가 될 수 없다. 이 경우에서, 그리고 0은 모든 수로 나누어 떨어진다는 사실에서 0은 독특한 수이다. 1/0이 의미 없는 표현이라는 이유는 0/1이 의미 있는 표현이라는 이유와 똑같다. 0을 어떠한 수에 곱하더라도 답은 항상 0이다. 그렇지만 나눗셈은 어떤 수(몫)를 다른 수(나눗수)로 곱할 때 나누어지는 수(나뉨수)를 만들어낸다는 점을 지적한다. 만약 문제 1÷0의 답 또는 분수식 1/0의 값이 있다면, 그것에 0을 곱하면 1이 되어야 한다. 그러나 우리는 모든 수에 0을 곱하면 언제나 0만이 된다는 사실을 이미 설명했다. 그러므로 1은 (또는 다른 어떠한 수도) 0으로 나누어 떨어질 수 없다.

$$0 \div 0 = ?$$

0/0이라는 분수식은 수학적으로 의미가 있지도 않고 없지도 않다. 이것은 **부정**이다. 0은 자기 자신으로 나누어 떨어질 수 있다. 그러나 그 답의 값이 무엇인지를 결정할

수 있는 방법은 없다. 임의의 수에 0을 곱하면 0이 되기 때문에, 0을 0으로 나누면 임의의 수가 될 수 있다. 0×0 =0이므로 0 나누기 0은 0과 같을 수도 있지만, 0×1=0 이므로 0 나누기 0은 또한 1과 같을 수 있다. 그리고 0×2 =0이므로 0 나누기 0은 2가 될 수도 있다. 이와 같이 계속된다. '수학적인 악담'으로 가장 잘 묘사될 수 있는 모욕을 주는 언행에서 0이 항상 선호되고 있다. 신문에서 얻은 예로 '아무것도 아닌 것을 아무것도 아닌 것으로 나누는 비열한 행위'를 들 수 있다. 이것이 의도하는 바는 수학적으로는 덜 명확한 모욕이다.

우리가 사용했던 **의미 있음, 의미 없음, 부정** 등의 세 가지 용어를 서로 비교함으로써 더욱 명확히 이해할 수 있다. 지시된 나눗셈 연산은 그것이 연산을 시행해서 얻을 수 있는 어떤 특별한 값을 뜻할 때만 수학적으로 의미 있다고 말한다. 이것은 이름을 거명하지 않고 어떤 특별한 사람을 확인하는 데 사용되는 직함과 비교될 수 있을 것이다. 예를 들면, 미합중국 대통령은 그런 직함이다. 우리는 이것을 사용할 때 그를 이미 알고 있는 것처럼 어떤 특별한 사람을 언급하고 있다. 이와 마찬가지로 식 0÷1 또는 0÷1은 어떤 특별한 값, 즉 0을 언급한다. 10/1이 10 이외의 어떠한 값도 의미할 수 없는 것과 마찬가지로, 0/1은 0 이외의 어떠한 값도 의미할 수 없다.

반면에, 지시된 나눗셈 연산이 어떠한 값도 취할 수 없을 때, 그것은 수학적으로 의미 없다. 이와 마찬가지로 어떤 직함은 의미 없을 수 있다. 미합중국의 왕이 그런 직함이다. 1/0 또는 1÷0이라는 식은 1이 0으로 나누어 떨어질 수 없으므로 의미 없다. 따라서 이 식은 어떠한 값도 나타낼 수 없다. (어떠한 값도 아니라는 것은 결코 0이라는 것과 같지 않다.)

0/0 또는 0÷0이라는 식은 매우 다른 관점에서 의미 없다. 이것은 미합중국 상원 의원이라는 직함과 같다. 이것이 사용된 문맥에서 100명의 상원 의원 중 어떤 사람을 지칭하지 않을 경우에 신원 확인을 위해서는 의미 없다. 식 0/0에 대한 선택 범위는 100보다 훨씬 더 크다. 임의의 수에 0을 곱하면 0이 되기 때문에, 식 0/0은 우리가 원하는 어떠한 값도 될 수 있다. 식 0/0은 어느 것이라도 의미할 수 있다는 이유 때문에 의미 없다. 좀더 전문적으로 수학자들은 0/0을 **부정**이라고 말한다. 그리고 수학자들이 그렇다는 사실을 인식하는 데 수세기가 걸렸다. 이를 인식한 뒤에야 비로소 수학자들은 수 0을 정복하게 되었다.

수 중에서 0의 특별한 의미를 이해하기 위해서는, **정수**라고 불리는 것을 조사해봐야만 한다. 정수를 순서대로 배열하면, 현재 존재하는 물건을 세는 양의 정수들은 한없이 오른쪽으로 뻗어 나가고, 현재 없는 물건을 세는 음의 정수들은 왼쪽으로 한없이 뻗어 나간다. 이것은 온도계에서 본 친숙한 배열이다. 다음과 같이 양수는 0 '위'에 음수는 0

'아래'에 배열된다.

..., −5, −4, −3, −2, −1, 0, +1, +2, +3, +4, +5, ...

    이런 양의 정수와 음의 정수의 배열에서, 연속된 한 쌍의 모든 수는 다른 한 쌍의 수와 똑같은 거리만큼 떨어져 있어야 한다. 이런 간격의 규칙성은 정수의 본질이다. −1과 −2 사이의 거리는 +1과 +2 사이의 거리와 같고, 또 +2와 +3 사이의 거리와 같다. 그러나 이런 규칙성은 0을 하나의 정수로 포함시킬 경우에만 유지될 수 있다. 0이 없다면, −1과 +1 사이의 거리는 다른 모든 쌍 사이의 거리의 두 배가 된다. 명백히 −1과 1은 연속된 수가 아니다. 0은 그 사이에 있는 수이다.

    기독교식의 시간 계산에서는 위의 배열과 다르게 0을 수가 아닌 점으로 표시한다. 그러므로 온도계의 문제에서 얻은 답은 연도에 관한 유사한 문제에서 얻은 답과 매우 다르다. 아침에 영하 5도이고 낮 동안에 8도가 오르면, 낮에는 영상 3도이다. 그러나 기원전 5년 1월 1일에 태어난 아이는 서기 4년이 되어야 만 8세가 된다. 겉으로 보기에 동일한 이 두 문제에서 나타나는 답 사이의 차이점에 대한 이유는 다음과 같이 온도계의 눈금과 시간의 눈금을 대조해 보면 명백하게 드러난다.

8도

	−					+		
5°	4°	3°	2°	1°	0°	1°	2°	3°
5	4	3	2	1	1	2	3	4

기원전　　　　　　서기

8년

　이 차이점은 1930년 학술계에서 대단히 큰 실수를 야기했다. 시인 버질(Virsil)의 탄생 2000주년 기념식이 한창 진행중이었을 때, 0년이 없기 때문에 1931년이 되어야 (기원전 70년에 태어난) 그 시인의 탄생 2000주년이 된다고 어떤 사람이 수학적으로 흥을 깨는 사실을 지적했다.

　정수 중에서 음수도 아니고 양수도 아닌 0은 특이하다. 계산을 할 때 모든 정수를 사용하지만, 우리가 통상 '수'로 생각하는 것은 0 이후의 수이다. (멀지 않은 과거인 12세기에 활동한 인도의 수학자 바스카라(Bhãskara)는 이차 방정식 $x^2-45x=250$ 의 근이 $x=50$ 과 $x=-5$ 라고 했지만, 다음과 같이 경고했다. "이 경우에 둘째 값을 취해서는 안 된다. 왜냐하면 그것은 부적당하고 사람들은 음수 근을 인정하지 않기 때문이다.") 우리는 0 뒤에 나오는 수를 **자연수**(natural number)라고 부르기도 한다. 그렇지만 그런 수가 다른 수보다 실제로 더 자연스러운지에 대해서는 논의의 여지가 있다. 자연수는 우리가 셀 때 사용되기 때문에, 수로서 자연스럽다고 여긴다. 0을 하나의 자연수로 생각하지 않는다. 왜냐하면 '없음'을 '세는' 것은 대부분의 사람들에게 자연스럽게 여겨지지 않기 때문이다. 그러나 점점 더 많은 사람들이 컴퓨터 프로그램의 작성을 배우게 됨에 따라서 0은 더욱 자연스럽게 되었다. 컴퓨터에 관한 한 0은 수이다. 이에 대해서는 의문의 여지가 없다. 0은 자판에서 1의 앞에 있을 뿐만 아니라(당연히 그렇게 되어야 하며), 집값이나 찻값의 지불과 같은 일상적인 업무의 계획에서도 통상 '첫' 해로 간주해야 하는 것은 1년이 아니라 0년이어야 한다.

    음수와 달리 0은 이른바 자연수와 논리적으로 잘 어울린다. 왜냐하면 다른 모든 셈수(자연수)가 요구되는 문제와 똑같은 문제에서 0이 필요하며, 0은 정확하게 똑같은 방법으로 이용되기 때문이다. 그 문제는 단순히 '얼마나 많은?'이다.

    당신이 이 책을 읽고 있는 방에 얼마나 많은 사람이 있습니까?

    당신이 이 책을 읽고 있는 방에 얼마나 많은 코끼리가 있습니까?

    첫째 질문에 대한 답은 적어도 한 명이며, 둘 또는 셋이 될 수도 있다. 그러나 둘째 질문에 대한 답은 거의 틀림없이 0일 것이다. 방에 있는 코끼리의 수는 0이다. 0은 1 또는 2 또는 3과 똑같은 수이다.

그런데 0이 수라면, 도대체 수란 무엇인지를 독자는 묻게 될 것이다.

분명히 수는 추상적 개념이며, 각 집합의 원소가 전혀 공통점을 갖고 있지 않더라도 그 집합들이 공통으로 가질 수 있는 사실에 대한 인식이다. 새와 산은 결코 비슷하지 않지만, 두 개의 산과 두 마리의 새 사이에는 유사점이 있고 그 유사점은 그것들이 어떤 것을 두 개씩 갖고 있다는 사실이다. 이것은 우리에게 자명하게 보이지만, 선조들에게는 그렇지 않았다. 그들은 한 마리의 꿩과 두 마리의 꿩 사이와 하루와 이틀 사이의 차이점을 인식했다. 그러나 러셀 (Bertrand Russell, 1872-1970)이 지적한 대로, "한 쌍의 꿩과 이틀이 모두 수 2의 예라는 사실을 발견하는 데 많은 세월이 요구되었음에 틀림없다."

수학적으로 말하면, 발견된 사실은 임의의 대상을 한 쌍 포함하는 모든 집합의 공통 성질이 수 2라는 것이다. 집합이 사람, 코끼리, 파리, 산, 또는 같은 종류의 임의의 것을 포함하더라도 문제가 되지 않는다. 한 쌍을 포함하는 모든 집합은 수 2를 공유한다.

우리가 1, 2, 3 등을 수라고 말할 때, 1은 단 하나의 원소를 포함한 모든 집합의 수를 의미하고 2는 한 쌍을 포함한 모든 집합의 수를 의미하며 3은 세 개의 원소를 포함한 모든 집합의 수를 의미한다. 이런 집합들이 포함할 수 있는 원소의 가능성은 끝이 없기 때문에, 우리는 그것들이 무한하다고 말한다.

다른 집합들과 마찬가지로, 0의 집합도 또한 존재한다. 그것은 사람을 전혀 포함하지 않은 집합, 코끼리를 전혀 포함하지 않은 집합, 파리를 전혀 포함하지 않은 집합, 산을 전혀 포함하지 않은 집합이다. 다시 말하면, 비어 있는 집합, 즉 공집합이다. 하나, 둘, 세 개의 원소를 포함한 집합들의 수가 각각 1, 2, 3이듯이, 공집합의 수는 0이다.

그러나 원소 사이의 차이와 무관한 다른 집합들과 0의 집합 사이에는 차이점이 있다. 다른 모든 수는 무한히 많은 집합을 의미할 수 있는 반면에, 0은 단 하나 공집합만을 표현한다. 사람, 코끼리, 파리, 산 등이 없다는 것은 문제가 되지 않는다. 그것은 모두 똑같은 집합이다. 그래서 단 하나의 공집합만이 존재한다.

무한히 많은 흥미로운 수 중에서도 0을 매우 흥미로운 수로 만드는 것은 바로 이런 사실 때문이다. 물론, 각각의 자연수는 유일하다. 2는 3이 아니고, 3은 4가 아니며, 4는 5 또는 다른 어떠한 수도 아니다. 그러나 0의 유일성은 다른 수들의 유일성보다 더욱 일반적이며, 이런 이유에서 0은 더욱 중요하고, 따라서 더욱 흥미롭다.

0은 다른 모든 수로 나누어 떨어질 수 있는 유일한 수이고, 다른 어떠한 수도 나누어 떨어뜨릴 수 없는 유일한 수이다.

이 두 가지 성질 때문에, 0은 거의 변함없이 수 사이에서 '특별한 경우'이고, 앞으로 0의 '특별성'에 대한 많은 예를 발견하게 될 것이다. 0은 하나의 수로서 다른 모든 자연수의 특징을 나타내지만, 매우 흥미로운 수로서 충분히 다른 점을 갖고 있다. 0은 아라비아 숫자의 마지막이자 처음이다.

문 제

아라비아 숫자를 여러 가지 방법으로 배열할 수 있다. 이번 장에서 두 가지를 언급했다. 한 가지 배열에서 0은 기호로서 9의 뒤에 나타난다. 다른 배열에서는, 덜 일반적으로 0은 수로서 1의 앞에 나타난다. 그런데 어떤 수수께끼에서 0은 아라비아 숫자의 마지막으로 나타난다. 많은 수학자들은 다음에 제시한 배열의 근거를 이해하는 데 대단한 어려움을 느낀다.

8 5 4 9 1 7 6 3 2 0

위의 아라비아 숫자들은 영어 알파벳의 순서대로 배열되었
다. 이런 문제에서 일반인은 통상 수학자들보다 앞선다. 영
어 이외의 언어로 숫자들을 배열하는 다른 문제를 만들 수
있다.

呂

1

 우리는 산술의 통상적인 과정에서 수 1의 행동에 매우 친숙하다. 0의 행동과 달리, 1의 행동은 우리를 놀라게 하지 않는다. 사실, 1은 대단히 단순하기 때문에, 일반적으로 1을 하찮은 것으로 생각해서 지나쳐버린다. 학교에서 '1'을 배우는 것을 걱정도 하지 않는다. 임의의 수에 1을 곱하면 그 곱은 원래의 수와 같고 임의의 수를 1로 나누어도 그 몫은 원래의 수와 같다는 사실은 매우 자명하다. 그렇지만 수 1의 이런 단순한 특성은 수의 연구에서 대단히 큰 영향력이 있다.

 가장 최초의 수 개념은 1과 1보다 큰 수 사이에 어떤 차이점이 있다는 사실의 인식으로부터 발생한다. 약 18개월이 된 아이는 이 차이점을 알게 된다. 게셀(Arnold Gesell)은 **생애의 첫 5년**(The First Five Years of Life)에서

"아이는 주사위를 쌓아올려 더미를 만들거나, 그 더미를 부수어 주사위로 흩어놓기를 좋아한다. … 비유하면, 한 살짜리 아이는 일차원적이고 직렬적이다."라고 썼다. 아마도 사람은 어린 시절에 그 차이점을 적절히 알아차릴 것이다

불 주위에 한 마리의 늑대가 있거나 많은 늑대가 있다. 이 캠프 야영지와 다음 야영지 사이에는 하나의 강이 있거나 많은 강이 있다. 캠프파이어가 꺼졌을 때, 초저녁 하늘에는 하나의 별이 있거나 많은 별이 있다. 우리는 두 개의 수 이름(1과 많음)으로 시작하지만, 수 1에 대한 이름은 단 하나이다. 그럼에도 불구하고, 이 수를 사용해서 어느 정도 꽤 정확하게 셀 수 있다. 캠프파이어중에 갑자기 고개를 들어, '많은' 늑대, 즉 한 마리보다 많은 늑대를 본다. 거기에는 실제로 두 마리의 늑대가 있다. 그러나 우리는 둘에 대한 어떠한 이름도 갖고 있지 않다. 그래서 거기에 많이 있다고 말한다. 얼마나 많이? 늑대만큼 '많은' 어떤 것을 생각해내려고 시도하다가, 친숙한 다른 한 쌍을 떠올린다. 새의 날개만큼 많은 늑대가 있다고 말한다.

'많은'의 많은 뜻 중에서 서로 구별되는 늑대의 정확한 마릿수를 전달하는 이 방법은 한 쌍에서 끝날 필요는 없다. 늑대의 마릿수와 일대일 대응되는, 친근한 다른 집합을 찾을 수 있다. 새의 날개 다음으로 클로버의 잎, 동물의 다리, 손의 손가락이 따라 나올 수 있다. 여전히 수 1 이외의 다른 수를 갖고 있지 않지만, 이제 한 마리에서 다섯 마리

까지의 늑대를 '셀' 수 있다.

논리적으로 다음 집합이 될 수 있는 것을 찾아본다. 즉, 손가락의 개수보다 한 개 더 많은 원소를 가진 집합을 찾아본다. 자연에서 여섯 개의 원소를 가진 집합을 즉시 찾아내기는 그리 쉽지 않다. 그래서 한 마리 더 많은 늑대를 세기 위해서 완전히 새로운 다른 집합을 사용하는 대신에, 한쪽 손에 있는 손가락의 집합에 다른 쪽 손의 손가락 하나를 보탠다. 이것은 훌륭하고 실제적인 발상이다. 왜냐하면 이제 늑대의 수가 하나씩 증가할 때마다 손가락을 하나씩 보태면 되고, 이런 방법으로 열 마리의 늑대를 양손의 손가락을 모두 사용할 때까지 계속해서 셀 수 있기 때문이다.

그런데 늑대가 계속해서 온다. 양손의 손가락보다 더 많은 늑대를 어떻게 셀 수 있을까? 물론, 발가락을 사용해서 셀 수 있다. 실제로, 이렇게 세는 사람이 있다. 그렇지만 손가락을 다시 사용하기로 결정한다. 한 마리 더 많은 늑대를 세기 위해, 두 손을 모두 오므리고 손가락 하나를 편다. 우리는 무심결에 무한대로 향한 길에 나서게 되었다. 결코 무한대에는 도달할 수 없다. 그러나 진행하는 도중 정지해야 할 필요는 결코 없으며, 더 이상 진행할 수 없다고 말할 필요도 없다. 아무리 많은 늑대를 '세었더라도' 그리고 이런 과정에서 아무리 많은 손가락을 사용했더라도, 언제나 손가락을 하나 더 펴서 늑대 한 마리를 더 셀 수 있다.

그렇다면 우리는 무엇을 얻었는가?

간단히 말해서, 수 1의 개념을 제외한 다른 어떠한 수 개념도 사용하지 않고, 다음과 같이 자연수의 무한 집합을 구성했다.

$$1,$$
$$1+1,$$
$$1+1+1,$$
$$1+1+1+1,$$
$$\cdots$$

이것들이 자연수이다. 그리고 자연수에 기초해서 아름답고 복잡한 구조물인 수론이 구축되었다.

수 1이 자체의 연속적인 덧셈에 의해 다른 모든 수를 생성한다는 사실은, 수 1이 더 이상 유일한 수가 아니더라도 언제나 수 1에 특별한 의미를 부여해왔다. 그리스 사람들은 1을 정의하는 데 어려움을 겪었는데, 이유는 그들이 다른 모든 수를 정의하는 도구가 1이기 때문이었다. 그들은 스스로 물었다. 수의 생성원 자체도 수가 될 수 있을까? 그들은 1이 수가 될 수 없을 것이라고 단정했다. 그래서 그들은 1을 수의 시작 또는 원리로서 정의했다. 1은 다른 수와 완전히 다르기 때문에 1은 최초의 홀수로 간주되지 않았으며(최초의 홀수는 3이었다), 홀수에 1을 더하면 짝수가 되고 짝수에 1을 더하면 홀수가 되기 때문에 1은 오히려 위대한 '홀-짝수'였다. 1은 단순한 수가 아니었다. 1은 양파의 껍질처럼 다른 모든 수를 그 안에 포함하고 있는 것으로 여겨졌다.

양파의 비유는 억지 논리가 아니다. 쉬플리(Joseph T. Shipley)는 그의 책 **어원 사전**(Dictionary of Word Origins)에서 다음과 같이 지적하고 있다. "우스갯소리로 일부러 '협력(union) 속에 힘이 있다'는 격언을 '양파(onion) 속에 힘이 있다'로 바꾸어 말하는 사람들은 십중팔구 onion 속에 union이 있다는 사실을 알지 못할 것이다. 1을 뜻하는 라틴 말 unus로부터 one이 유래한 것과 같은 모음 변화에 의해서, 결합과 협력을 뜻하는 라틴 말 unio에서 onion이 유래했고 unus로부터 unity도 유래했다. 요점은 수많은 껍질은 단 하나의 구를 이룬다는 것이다. … 껍질을 아무리 벗겨도 결코 핵심부에 도달할 수 없는 상징으로 양파(onion)가 사용되어 왔다."

수 1로 구체화된 e pluribus unum(다수로 이루어진 하나)의 이런 중요한 반전은 언제나 수 1을 종교적으로 모든 수 중에서 최상의 위치에 올려놓았다. 수학이 쇠퇴한 반면에 신비주의가 융성했던 중세기에 수 1은 조물주, 제1원인, 원동력 등을 의미했다. 다른 수들은 그것이 수 1로부터 멀어짐에 따라 비례해서 더욱 불완전한 수로 간주되었다. 그렇게 멀어진 최초의 수인 2는 최선으로부터 벗어난 죄악을 의미했다. 큰 수들에게는 다행스럽게도, 그것들이 구원의 대상에서 완전히 벗어 나가지 않도록 하기 위해서 한 자리의 수로 축소시킬 수 있는 방법들이 있었다.

수 1에 대단히 많은 비수학적인 의미를 준 이 수의 특성은 또한 수 1을 수학적으로 흥미롭게 만드는 특성과 같고, 산술의 통상적인 과정에서 수 1의 행동을 대단히 명백하게 그래서 대단히 자명하게 만드는 특성과도 같다.

1은 모든 수를 나누어 떨어뜨리는 유일한 수이다.
1은 다른 어떠한 수로도 나누어 떨어지지 않는 유일한 수이다.

각 자연수는 자신만의 고유함이 있지만 여러 가지 방법으로 다른 수와 매우 유사한 점이 있는데, 무수히 많은 자연수 중에서 1과 완전히 같은 수는 아무것도 없다. 1과 여러 가지 방법으로 연결되는 유일한 수는 1과 정반대인 0이다. 왜냐하면 1은 모든 수를 나누어 떨어뜨리는 반면에, 0은 어떠한 수도 나누어 떨어뜨릴 수 없기 때문이다. 또 1은 다른 어떠한 수로도 나누어 떨어지지 않는 반면에, 0은 다른 모든 수로 나누어 떨어지기 때문이다. 수 중에서 0과 1은 모두 '특별한 경우'이다.

곱셈과 나눗셈에서 매우 하찮게 보이는 1의 행동은 자신의 연속적인 덧셈에 의해 다른 모든 수를 생성하는 능력의 직접적인 결과이다. 1은 다른 수를 구성하는 단위이다. 이 사실을 초등 학생처럼 자명하게 생각하지 말자. 왜냐하면 이것은 수론 전체에서 가장 중요한 하나의 사실이기 때문이다. 수들로부터 그것들의 관계의 비밀을 찾으려고 할 때, 1이 모든 수를 나누어 떨어뜨린다는 이 사실은 대단히 가치 있는 무기이다. 어떤 점에서 이것은 우리가 시작하는 무기이다. 우리는 이것으로부터 다음을 추론한다. 즉, 모든 수는 그 자신으로 나누어 떨어진다.

바로 앞의 수와 1만큼씩 차이가 나는 자연수의 무한 집합이 주어지면, 수론은 도전의 영역을 넓힌다. 모든 수는 1로 나누어 떨어지고 모든 수는 자신으로 나누어 떨어진다는 쉽게 확인된 두 가지 사실 이외에, 수에 대해 무엇을 알 수 있는가?

수의 무리뿐만 아니라 임의의 무리를 이해하는 첫 단계는 그 구성원들을 서로 배타적인 작은 무리로 분류하는 것이다. 언뜻 생각하기에, 위에서 언급한 두 가지 사실은 그런 분류를 위한 기준을 제공해 줄 것으로 여겨지지 않을 것이다. 실제로, 이것은 사람들이 수들을 분류했던 첫 발상은 아니었다. 수들을 작은 무리로 분류하는 가장 오래된 방법은 수 2로 나누어 보는 기준, 즉 2에 의한 가분성(可分性)이었다. 2로 정확히 나누어 떨어지는 수를 **짝수**라 부르고, 2로 나눌 때 1이 남는 수를 **홀수**라고 부른다. 모든 수는 이 두 무리 중 하나에 속하고, 이 두 무리에 모두 속하는 수는 없다. 짝수와 홀수의 분류는 그리스 사람들에게는 매우 기본적으로 보였기 때문에, 그들은 이것을 인간들의 두 부류 사이의 큰 차이와 같이 생각했다. 그들은 짝수를 '단명한' 따라서 여성의 수로 봤고, 홀수를 '분해할 수 없는, 남성적인, 신성한 자연에 참여하는' 수로 봤다. 그러나 2에 의한 가분성에 근거한 짝수와 홀수의 분류는 일반적인 가분성에 근거한 수의 분류보다 더 의미 있지는 않다.

수의 일반적인 가분성에 관한 두 가지 명제를 이미 알아봤다. 그리고 다음 두 명제를 더 보탤 수 있다. 이것들은 처음 몇 개의 수와 그것들의 약수를 조사한 뒤에 알게 된 결과이다.

2, 3, 5, 7과 같은 일부의 수는 단지 자신과 1에 의해서만 나누어 떨어진다.

4, 6, 8, 9와 같은 일부의 수는 자신과 1 이외의 다른 수에 의해서도 또한 나누어 떨어진다.

이것은 수를 두 무리로 분류하는 기준이 되는데, 이 분류 방법은 수론의 명확한 역사에 대해 딕슨(L.E. Dickson)이 쓴 세 권의 책 중에서 두꺼운 첫째 권의 대부분을 채우기에 충분할 정도의 수학을 생산해냈다. 단지 자신과 1에 의해서만 나누어 떨어지는 첫째 무리에 속하는 수를 **소수**라고 부른다. 자신과 1 이외의 다른 수로 나누어 떨어지는 둘째 무리에 속하는 모든 수는 소수들로 생성된다는 사실을 매우 간단하게 증명할 수 있기 때문에, 이런 수를 **합성수**라고 부른다.

(n이 합성수이면, 정의에 의해 n은 1과 n 사이의 약수를 가진다. m이 이런 약수 중에서 가장 작은 수라면, m은 반드시 소수이다. 왜냐하면 m이 자신과 1 이외의 어떤 수로 나누어 떨어지면 그 수는 n의 가장 작은 약수가 될 수 없기 때문이다. 이런 방법으로 계속하면, n의 모든 약수를 소수로 변환시킬 수 있으며, 이에 따라서 모든 합성수를 소수들의 곱으로 표현할 수 있다는 사실이 증명된다.)

몇 쪽 앞에서 0 뒤의 모든 수를 1의 연속적인 덧셈으로 나타내는 방법을 알아봤다. 그런데 0과 1은 소수도 아니고 합성수도 아닌 특별한 경우로 생각하는 것이 적절한데,[1] 0과 1 이후의 모든 수를 소수 또는 소수들의 결합으로 또한 나타낼 수 있음을 알게 된다.

---

1. 0은 소수가 아니다. 왜냐하면 0은 1과 자신 이외의 무수히 많은 수로 나누어 떨어지기 때문이다. 0은 또한 합성수도 아니다. 왜냐하면 0의 약수로 항상 그 자신이 있으므로 0은 소수만의 곱이 될 수 없기 때문이다. 기술적인 이유에서 1을 소수로 간주하지 않는다. 왜냐하면 곧 알아보겠지만 만약 1을 소수라면 소수에 관한 가장 중요한 정리가 더 이상 진실이 될 수 없기 때문이다. 그리고 소수와 같이, 1이 1과 자신에 의해서만 나누어 떨어지지만 다른 소수는 두 개의 서로 다른 약수를 가지고 있는 반면에 1은 단 한 개의 약수만을 가지고 있다.

1+1	2 (소수)
1+1+1	3 (소수)
1+1+1+1	2×2 (합성수)
1+1+1+1+1	5 (소수)
1+1+1+1+1+1	2×3 (합성수)
1+1+1+1+1+1+1	7 (소수)
...	

　왼쪽 열에 있는 수들의 덧셈 표현이 유일함을 말할 필요는 없다. 임의의 수를 1의 합으로 표현하는 방법은 단 한 가지밖에 없음은 명백하다. 6이 1+1+1+1+1+1이면, 6은 다른 어떠한 수가 될 수 없다. 그리고 수 중에서 6의 다음 수는, 그것을 7이라고 부르거나 단순히 6의 다음 수라고 부르는 것에 관계 없이, 1+1+1+1+1+1+1 이외에 어떠한 것도 될 수 없다.

　그러나 오른쪽 열에 있는 수들의 곱셈 표현도 또한 유일하다는 사실은 그렇게 명확하지 않다. 1의 합으로 수를 표현하는 방법이 단 한 가지 존재한다는 사실과 똑같이, 수를 소수들의 곱으로 표현하는 방법도 단 한 가지 존재한다.

　6=1+1+1+1+1+1 이고, 1의 합으로는 달리 표현할 수 없다.

　6=2×3 이고, 순서를 무시하면 소수들의 곱으로는

달리 표현할 수 없다.

수를 소수들만의 곱으로 표현하는 방법은 단 한 가지밖에 없다. 임의의 수에 대해 그것이 아무리 크더라도 이것은 사실이다. 예를 들면, 17,640과 같은 수는 17,640개의 1의 합이고, 이 수의 소인수 분해는 $2 \times 2 \times 2 \times 3 \times 3 \times 5 \times 7 \times 7$ 이다. 2, 3, 5, 7 이외에 17,640을 나누어 떨어뜨릴 수 있는 소수는 없다. 17,640이 매우 큰 수이기 때문에, 이 수를 나누어 떨어뜨릴 수 있는 다른 소수가 분명히 있을 것이라고 생각하고 싶지만, 2, 3, 5, 7 이외에는 없다. 이 네 개의 소수에 의한 단 한 가지 조합, 즉 세 개의 2, 두 개의 3, 한 개의 5, 두 개의 7 또는 $2^3 3^2 5^1 7^2$이 17,640을 만든다. 물론, 다른 많은 수도 이 수를 나누어 떨어뜨린다. 몇 개를 나열해 보면, 6, 10, 14, 21, 35 등이 있다. 그러나 이런 수들도 결국 소수 2, 3, 5, 7로 환원시킬 수 있다.

임의의 수를 1의 합으로 표현하는 방법이 유일한 것과 마찬가지로, 임의의 수를 소수들의 곱으로 표현하는 방법도 유일하다.

이 말의 중요성을 잠시 동안 생각해 보자. 임의의 수는 대단히 커서 결코 써내려 갈 수도 없는 그런 수일 수 있으며, 임의의 수는 대단히 커서 (충분히 긴) 종이 위에 그 수를 기록하기가 한 사람의 일생도 충분하지 못한 그런 수일 수도 있다. 임의의 수는 무수히 많은 수 중에서 임의의 수일 수 있다. 그러나 방금 언급한 정보로부터 이렇게 흥미로운 수인 임의의 수 n에 관해 매우 중요한 명제를 만들 수 있다.

n은 어떤 소인수들을 가진다고 말할 수 있다. 그것들을 p_1, p_2, $\cdots$, p_r로 나타내자. 그리고 n의 소인수 분해는 이런 소인수들의 유일한 결합이라고 말할 수 있다. 소수 p_1이 여러 번 사용되면, 이를 $p_1^{k_1}$으로 나타낸다. p_2가 여러 번 사용되면, $p_2^{k_2}$으로 나타낸다. 이와 같이 계속할 수 있다. $6=2\times3$이고 $17,640=2^3\times3^2\times5^1\times7^2$이라고 말할 수 있는 것과 똑같이, 임의의 수 n에 대해 $n=p_1^{k_1}p_2^{k_2}p_3^{k_3}\cdots p_r^{k_r}$이라고 말할 수 있고, 소수들의 곱으로서 n의 이런 표현은 가능성 있는 유일한 표현이라는 사실을 알 수 있다. 이 지식은 수에 대한 연구에서 매우 중요하기 때문에 이를 서술하는 정리를 보편적으로 **산술의 기본 정리**라고 부른다.

임의의 수 n의 소인수 분해가 유일하다는 이 정리의 증명은, 두 개 이상의 수의 곱을 나누어 떨어뜨리는 소수는 그렇게 곱해진 수 중에서 적어도 하나를 나누어 떨어뜨린다는 (보조 정리라고 부르는) 부차적인 수학적 사실에 의존한다. 위에서 예로 사용된 수 $17,640$의 경우에, 이것은 이 수의 소인수인 2, 3, 5, 7의 각각이 서로 곱해서 $17,640$을 만드는 수들의 무리 중 적어도 하나를 나누어 떨어뜨린다는 사실을 의미한다. 예를 들어 $15\times28\times42=17,640$을 생각하자. 그러면 보조 정리에 의해서 2는 28과 42를 나누어 떨어뜨리고 3은 15와 42를 나누어 떨어뜨리며 5는 15를 나누어 떨어뜨리고 7은 28과 42를 나누어 떨어뜨린다.

　　산술의 기본 정리에 대한 증명은 유클리드 시대 이래 수학자들이 매우 즐겨 사용해왔던 방법인 **귀류법**에 의해 이루어진다. 이를 증명하기 위해 소인수 분해가 유일하지 않다고 단순히 가정한다.

　　$n = p_1^{k1} p_2^{k2} p_3^{k3} \cdots p_r^{kr}$ 이고 또 $n = q_1^{l1} q_2^{l2} q_3^{l3} \cdots q_r^{ls}$ 이라고 가정하자. 여기에서 $\{p_i\}$와 $\{q_j\}$는 소인수의 독립된 집합이다. 위에서 서술한 보조 정리에 근거해서, 각 p_i는 n을 나누어 떨어뜨리고 n은 q_j들의 곱이기 때문에, 각 p_i는 어떤 q_j를 나누어 떨어뜨려야 한다. 정의에 의해 q_j는 소수이고, 따라서 자신과 1 이외의 수로 나누어 떨어지지 않으므로, 각 p_i는 어떤 q_j와 같아야 한다. 역으로, 각 q_j는 어떤 p_i와 반드시 같아야 한다. 그러면 양변은 같은 소수들을 포함해야만 하므로, 우리의 가정과 반대로 소인수 분해는 유일하다.

　　이 정리는 산술의 체계적인 지식을 위해 필수적이라고 주장되어 왔다. 분명히, 산술학자들은 이 정리를 대단히 필수적이라고 생각했기 때문에, 이 정리를 위해 수 1을 소수에서 제외시켰다. 만약 1을 소수로 간주하면, **수의 소인수 분해는 더 이상 유일하지 않다.** 만약 이렇게 되면, $6 = 2 \times 3$이고 소수들의 곱으로는 이것 이외의 다른 표현은 없다고 말할 수 없고, 대신에 6과 다른 모든 수에 대해 무수히 많은 서로 다른 소인수 분해가 가능하다는 사실을 받아들여야 할 것이다.

$$6 = 2 \times 3 \times 1,$$
$$6 = 2 \times 3 \times 1 \times 1,$$
$$6 = 2 \times 3 \times 1 \times 1 \times 1,$$
$$\cdots$$

임의의 수가 그 수의 소인수들을 사용해서 유일하게 표현될 수 있다는 산술의 기본 정리를 알고 있기 때문에, 특정한 수를 다루는 것과 마찬가지로 임의의 수 n을 쉽게 다룰 수 있다. 이렇게 할 수 있기 때문에, 모든 수에 대해 참인 명제를 자주 증명할 수 있다. 그렇게 할 수 없다면, 한 번에 한 수씩에 대해 증명해야 했을 것이고, 결코 모든 수에 대해서는 증명할 수 없었을 것이다.

이와 관련해서 통상 제시되는 예는 어떤 수의 어떤 거듭제곱근이 무리수라고 일반적으로 서술하는 정리이다. 그리스 사람들은 2의 제곱근이 무리수라는 사실을 발견했고 증명했다. 다시 말하면, 2의 제곱근은 통상 분수로 언급되는 정수의 비, 즉 유리수로 표현될 수 없다는 사실을 발견하고 증명했다. 그들은 한 번에 한 수씩 진행해서, 3, 5, 6, 7, 8, 10, 11, 12, 13, 14, 15, 17의 제곱근이 무리수라는 사실을 증명했다. 그리고 여기에서 멈췄다. (빠진 수는 제곱수이다.) 그들은 온갖 노력을 기울였음에도 무수히 많은 수 중에서 이런 몇 개의 수가 무리수인 제곱근을 가진다는 사실 이외에 아무것도 증명하지 못했다. 또, 제곱근 이외에 세제곱근, 네제곱근, 다섯제곱근 등과 같이 각 수에 대해 무수히 많은 거듭제곱근에 대해서도 증명하지 못했다. 그러나 **산술의 기본 정리를 도구로 사용하면**, 임의의 수의 임의의 거듭제곱근이 무리수가 되는 경우를 간단하고 직접적으로 증명할 수 있다.[2]

1에 대해 참이고 2에 대해 참이며 3에 대해 참이라는 식으로 진행되는 각 수에 대한 어떤 명제의 증명은, 아무리 많이 진행하더라도 그 명제가 모든 수에 대해 참이라는 최종적인 증명에 결코 도달할 수 없다. 자연수가 인간에게 제시한 특별한 도전은 모든 수를 개별적으로 조사할 기회가 없더라도 어떤 명제가 모든 수에 대해 성립한다는 사실을 밝히는 것이다. 수의 도전에 대처할 수 있는 인간의 한계는 1이 모든 수의 단위라는 사실에 의존한다. 1은 각 원소가 똑같은 단위만큼씩 떨어져 있는 무한 집합이라는 조건을 설정하고, 다음과 같은 무기를 제공한다.

모든 수는 1로 나누어 떨어진다.

모든 수는 자신에 의해 나누어 떨어진다.

---

2. 그 정리는 N이 어떤 정수 n의 m제곱이 아니라면, N의 m제곱근은 무리수라고 주장한다. 요컨대, 분수를 아무리 거듭제곱해도 정수를 얻을 수는 없다. (예를 들면, 2/3의 거듭제곱을 아무리 취해도 결코 정수를 얻을 수 없다.)

쪽지 시험

약수에 관한 모든 주제는 수에 관한 연구의 기본이다. 이 책이 진행되면서, 다음 질문에 대해 좀더 자세하게 답할 것이다. 그렇지만, 독자는 다음 질문의 답을 스스로 찾아보는 즐거움을 맛볼 수 있을 것이다.

1. 약수가 없는 수가 있는가?
2. 약수가 단 한 개인 수는 몇 개인가?
3. 약수가 꼭 두 개인 수는 몇 개인가?
4. 무수히 많은 약수를 가진 수는 몇 개인가?
5. 다른 수의 약수가 될 수 없는 수가 있는가?
6. 모든 수의 약수인 수가 있는가?
7. 무수히 많은 수를 나누어 떨어뜨릴 수 있는 수가 얼마나 많이 있는가?
8. 자신과 1 이외의 약수를 갖지 않는 가장 큰 수는 무엇인가?
9. 짝수 중 약수가 꼭 두 개인 수는 몇 개인가?
10. 0 다음으로 가장 많은 약수를 가진 수는 무엇인가?

답

1. 없다. 2. 한 원. 개. 그 공재하듯배, 그 수는 1이다. 에너오하킴

1 이외의 모든 수는 적어도 1과 자신으로 나누어 떨어지기 때문이다. 3. 무수히 많이 존재한다. 왜냐하면 소수는 꼭 두 개의 약수를 가지며, 소수는 무수히 많이 존재하기 때문이다. 4. 단 한 개 존재하는데, 그 수는 0이다. 0은 모든 자연수를 약수로 갖는데, 자연수는 무수히 많이 존재한다. 5. 있다. 그것은 0이다. 0은 자신만을 나누어 떨어뜨릴 수 있다. 6. 있다. 그것은 1이다. 7. 무수히 많이 존재한다. 왜냐하면 0 이외의 모든 수는 무수히 많은 수를 나눌 수 있기 때문이다. 8. 그런 수는 없다. 왜냐하면 소수는 1과 자신 이외의 약수는 없으며, 가장 큰 소수는 없기 때문이다. 9. 단 한 개 존재하는데, 그 수는 2이다. 2는 짝수인 유일한 소수이다. 10. 없다. 왜냐하면 원하는 만큼 많은 소수를 서로 곱해서, 원하는 만큼 많은 약수를 가진 수를 만들 수 있기 때문이다.

2

수 2를 일반적으로 10과 같이 적지는 않지만, 이렇게 적을 수도 있다. 수 2는 이진법이라 부르는 수를 표현하는 간단하고 멋진 체계에서 10이다.

기수법으로서의 이진법은 가난뱅이에서 큰 부자로 되는 것과 비슷한 역사를 가지고 있다. 이진법은 1의 합을 이용하지 않고 수를 표현하는 인류의 가장 원시적인 방법의 후예이다. 이진법은 중국 황제를 기독교로 개종시키려는 큰 꿈을 가졌던 어떤 위대한 수학자의 발명품이었다. 20세기가 될 때까지 이진법은 단순한 수학적인 호기심에 불과한 것으로 여겨졌다. 그런데 20세기 중반 컴퓨터의 발명과 함께 이진법은 자신의 지위를 확고하게 획득했다. 단 두 개의 기호 1과 0으로 수를 표현하는 이진법은 켜지거나(1) 꺼지는(0) 개폐기의 상태에 따라 수의 표현을 가능하게 만들었다. 거의 동시에 새로운 단어가 탄생했다. 'binary digit'(이진 숫자)를 위해 'bit'(비트)라는 말이 탄생했는데, 이것은 가능한 한 가장 적은 양의 정보를 선정했기 때문에 매우 적절한 선택이었다.

겉으로는 단순해 보이는 이진법 체계는 비교적 정교한 수 체계이며, 빈 열을 가리키는 기호에 의존하고 있다. 인류가 사용한 두 개의 수에 근거한 최초의 수 체계는 쌍 체계(pair system)였다. 쌍 체계에서도 역시 단 두 개의 수 기호 1과 2가 사용된다. 그리고 3은 1과 2, 4는 2와 2, 5는 2와 2와 1이었다. 아마도 사람들이 신체의 일부로부터 암시받은 것으로 여겨진다. 눈, 귀, 팔, 다리 등은 모두 쌍으로 이루어져 있다. 사람들은 열 개의 손가락을 가졌기 때문에, 결국 10씩 세게 되었지만, 원래는 둘씩 세기 시작했었다. 아마도 사람들은 두 개의 손을 가졌기 때문일지도 모른다.

원시적인 실제로 가장 원시적인 쌍 체계는 수의 표현을 위한 실행 가능한 체계의 기본적인 요구 조건을 모두 충족시켰다. 쌍 체계는 유한 개의 기호에 근거하고 있으며(단 두 개의 기호가 있다), 수의 크기에 관계 없이 모든 수를 표현할 수 있었다. 그렇지만 쌍 체계를 사용해서 6 이상의 수를 셀 것으로 여겨지지는 않는다.

이진법 체계는 모든 수의 표현을 위해 단 두 개의 기호를 필요로 한다는 점에서 쌍 체계와 비슷하다. 다른 점은 쌍 체계가 2의 배수로 수를 나타내는 반면에, 이진법 체계는 2의 거듭제곱으로 수를 표현한다.

임의의 수의 거듭제곱과 같이, 2의 거듭제곱은 단순히 자기 자신을 곱한 결과이다. 둘째와 셋째 거듭제곱인 제곱수와 세제곱수에 대해 잘 알고 있으며, 거듭제곱을 만드는 곱셈 과정이 한없이 계속될 수 있다는 사실도 잘 알고 있다.

$$2^2 = 2 \times 2 = 4,$$
$$2^3 = 2 \times 2 \times 2 = 8,$$
$$2^4 = 2 \times 2 \times 2 \times 2 = 16,$$
$$2^5 = 2 \times 2 \times 2 \times 2 \times 2 = 32,$$
$$\cdots$$

2와 같이 작은 수의 경우에도, 이런 곱셈은 매우 빠르게 천문학적인 크기에 도달한다. 2^2은 겨우 4이지만, 2^{10}은 1000보다 크고 2^{20}은 백만보다 크며 (40개의 2를 곱한 결과인) 2^{40}은 조보다 크다. 분명히, 2의 거듭제곱을 사용해서 쌍 체계보다 훨씬 더 간결하게, 따라서 더욱 효과적으로 수를 표현할 수 있다. 30과 같이 작은 수의 표현을 생각해보자. 쌍 체계에서 30은 2+2+2+2+2+2+2+2+2+2+2+2+2+2+2로 표현되어야 하지만, 이진법에서는 간단하게 $2^4 + 2^3 + 2^2 + 2^1 (= 16 + 8 + 4 + 2)$로 표현된다.

10의 거듭제곱 대신에 2의 거듭제곱을 사용한다는 사실을 제외하면, 이진법은 십진법과 똑같은 방법으로 실행된다.

(십진법에서) $11111 = 10^4 + 10^3 + 10^2 + 10^1 + 10^0$,
(이진법에서) $11111 = 2^4 + 2^3 + 2^2 + 2^1 + 2^0$

밑이 서로 다른 수 체계들은 다른 체계보다 유리한 점과 그에 대응하는 불리한 점을 갖고 있다. 십진법은 밑이 크기 때문에 이진법보다 좀더 간결하게 수를 표현할 수 있다. 위에서 알 수 있듯이, 십진법에서 11111은 이진법에서 11111을 십진법으로 나타낸 31보다 약 358배나 되는 큰 수이다. 그러나 이진법은 밑이 작기 때문에 더 적은 기호로 수를 표현할 수 있다. 이것은 더 작은 곱셈표를 익히면 충분함을 의미하며, 중요하고 실용적인 장점이 있음을 의미한다.

이진법에서 기호 1은 어떤 특별한 열이 2의 거듭제곱을 포함하고 있음을 지적하고, 기호 0은 그렇지 않음을 지적한다. 이 두 기호가 필요한 전부이다. 왜냐하면 임의의 수를 2의 거듭제곱들의 합으로 유일하게 표현할 수 있기 때문이다. 모든 수는 2로 정확히 나누어 떨어지거나 2로 나누면 1이 남는다. 2의 영째 거듭제곱은 1이고 2의 첫째 거듭제곱은 자신이므로, 쉽게 알 수 있듯이 2의 각 거듭제곱이 그에 할당된 열에서의 존재 여부를 지시하기 위해 단 두 개의 기호를 사용함으로써 2의 거듭제곱으로 임의의 수를 충분히 표현할 수 있다.

(2의 영째 거듭제곱이 1이라는 생각은, 겉으로 비논리적으로 보이는 이 명제 아래에 숨겨진 논리를 검토해 보기

전까지는 받아들이기 어렵다.

$$2^3 = 8 = 2 \times 2^2,$$
$$2^2 = 4 = 2 \times 2^1,$$
$$2^1 = 2 \times 2^0,$$
$$2^0 = 1$$

그런 사실을 들어본 적이 전혀 없다고 말하더라도, 우리는 이 개념을 매일 사용하고 있다. 이진법에서와 같이, 친숙한 십진법에서 첫째 열은 밑의 영째 거듭제곱, 즉 1을 위한 장소이다.)[1]

모든 수를 단지 1과 0만으로 표현할 수 있다는 사실은 이진법 체계의 발명자인 라이프니츠(Gottfried Wilhelm von Leibnitz, 1646-1716)의 흥미를 끌었다. 라이프니츠는 역사상 위대한 수학자 중 한 사람이었다. 벨(E.T. Bell)의 책 **수학을 만든 사람들**(Men of Mathematics)에서 그의 인생에 관한 이야기를 읽어보기만 해도, 그의 다재다능한 천재성에 외경심을 느끼게 된다. 벨은 이렇게 썼다. "수학적 사고에서 정반대의 위치에 있는 두 가지 큰 영역, 즉 분석적인 영역과 조합적인 영역 또는 연속적인 영역과 이산적인 영역이 최상의 능력을 가진 한 사람에 의해 결합된 예는 라이프니츠 이전에도 찾아볼 수 없으며 라이프니츠 이후에도 찾아볼

---

1. 이제, 0의 모든 거듭제곱이 0이지만, 0의 영째 거듭제곱은 1이라는 생각을 받아들여야 한다.

없을 것이다."

수학 전체도 그 위대한 천재의 마음을 채우기에 충분하지 못했다. 라이프니츠는 무수히 많은 비수학적인 계획을 갖고 있었다. 그 중 하나가 신교와 구교의 재결합이었다. 그가 이진법을 발명했을 때, 또 다른 위대한 수학자 라플라스(Pierre Simon Laplace, 1749-1827)에 따르면, 그는 이진법 산술에서 "창조의 형상을 보았다. … 그는 1이 신을 나타내고 0이 무(無)를 나타낸다고 상상했다. 이진법에서 1과 0이 모든 수를 표현할 수 있는 것과 똑같이, 신은 무로부터 모든 생명체를 만들어냈다고 그는 상상했다." 라이프니츠는 과학에 상당한 관심이 있었던 중국 황제를 기독교도로 개종시키는 데 이진법이 효과 있을 것이라는 희망에서, 중국의 수학 심사관으로 있던 예수회 수사에게 자신의 생각을 전달했었다는 이야기가 있다.

이진법 체계의 단순함과 우아함에 대한 라이프니츠의 열정을 동료 수학자들도 갖고 있지는 않았다. 왜냐하면 당시 이 체계를 추천하는 데 단순함과 우아함 이외에, 좋은 점이 더 이상 아무것도 없는 것으로 보였기 때문이다. 그러나 라이프니츠 시대에도 2의 거듭제곱에 의한 표현의 원리가 이진법으로 표현된 수를 결코 인식하지 못했던 사람들에 의해 널리 사용되고 있었다. 산술에 대해서는 거의 아는 것이 없고 2 이외의 수에 의한 곱셈을 시도하지도 않았던 그 사람들은 이런 방법에서 임의의 수들을 곱하는 매우 정연한

체계를 사용했었다.²

　'농부의 곱셈'으로 널리 알려진 그 체계는 다음과 같이 실행된다. 29에 31을 곱하기 위해, 29를 2로 나누고 몫을 다시 2로 나누는 과정을 반복해서 나머지 1이 남을 때까지 계속한다. 그리고 29를 반으로 나누었던 것과 같은 횟수로 31을 두 배씩 만든다. 그리고 반으로 나누는 과정과 두 배로 만드는 과정을 평행한 열로 나열한다. 다음과 같이 2로 나누어 떨어지는 경우에 대응하는 두 배의 과정을 삭제하고, 나머지 두 배의 과정을 더하면 답을 얻게 된다.

$$
\begin{array}{rr}
29 & 31 \\
14 & 6\!\!\!/2 \\
7 & 124 \\
3 & 248 \\
1 & \underline{496} \\
& 899
\end{array}
$$

　독자가 통상적인 방법으로 29에 31을 곱하면, 똑같은 값을 얻을 것이다.

　'농부의 곱셈'으로 정확한 값을 얻는 이유를 이해하려면, 이진법을 사용해서 위의 계산 과정을 조사해보면 충분

---

2. 2에 의한 곱셈과 나눗셈은 한 때 매우 일반적으로 사용되었기 때문에, 그것들은 중복(duplation)과 조정(mediation)으로서 덧셈, 뺄셈, 곱셈, 나눗셈과 함께 산술의 기본적인 과정으로 간주되었다.

하다. 29를 계속적으로 2로 나누는 과정으로부터 29의 이진법 표현을 얻을 수 있다. 다음과 같이 29가 홀수이므로 29 뒤에 1을 적은 다음에, 2로 나누어 가는 과정에서 홀수가 나타나면 그 수 뒤에 1을 적고 짝수가 나타나면 0을 적으면 충분하다.

29	1
14	0
7	1
3	1
1	1

십진법에서의 29는 이진법에서 11101로 표현된다는 사실을 즉시 알 수 있다. (이것은 임의의 수를 십진법에서 이진법으로 전환시키는 가장 간단한 방법이다.)

31에 2를 연속적으로 곱하는 과정은 29의 이진법 표기에서 2의 거듭제곱에 의한 곱셈과 같음을 알게 된다.

$1 \times 2^0 = 1$ $1 \times 31 = 31$
$0 \times 2^1 = 0$ $0 \times 31 = 0$
$1 \times 2^2 = 4$ $4 \times 31 = 124$
$1 \times 2^3 = 8$ $8 \times 31 = 248$
$1 \times 2^4 = \underline{16}$ $16 \times 31 = \underline{496}$
$\quad\quad 29 \times 31 =$ 899

이진법 자체에서 시행된 이와 똑같은 곱셈은 다음과 같다.

$$\begin{array}{r}11111\\ \times\ 11101\\ \hline 11111\\ 00000\\ 11111\\ 11111\\ \underline{11111\quad}\\ 1110000011\ =\end{array}$$

$2^9+2^8+2^7+2^1+2^0=512+256+128+2+1=899$

이미 지적했듯이, 이진법의 단순성, 즉 이 체계에서 모든 수가 단지 0과 1만의 배열이라는 사실은 이진법을 컴퓨터에서 이상적인 체계로 만든다.[3] 십진법을 사용하는 컴퓨터를 만들 수 없기 때문이 아니라 십진법을 사용하면 컴퓨터가 훨씬 덜 효율적이기 때문에, 컴퓨터에는 이진법이 사용된다. 대단히 크지만 자신과 1만으로 나누어 떨어지는 소수로서 75년 동안 가장 큰 소수의 명예를 지켰던 수를 다루는 컴퓨터를 고려하자. 수학자들은 그 수를 $2^{127}-1$과

---

[3]. 컴퓨터는, 덧셈과 뺄셈뿐만 아니라 곱셈과 나눗셈 및 제곱근 풀이를 할 수 있었기 때문에 당시에 매우 우수했던 라이프니츠 계산기의 후예이다.

같이 생각하고 연구한다. 그러나 이 수를 십진법으로 표현하면 다음과 같다.

170,141,183,460,469,231,731,687,303,715,884,105,727

그리고 이 수를 이진법으로 표현하면 다음과 같다.

1111111111111111111111111111111111111111
1111111111111111111111111111111111111111
11111111111111111111111111111111111

십진법 표현을 위해 컴퓨터는 이 수의 각 열에 있는 열 개의 서로 다른 기호를 구별할 수 있어야 한다. 이진법 표현에서는 단 두 개의 기호를 구별하면 충분하다.

고속 계산에서 이진법 표현의 특별한 유용성은 1과 0에 대한 '기호'가 전혀 기호일 필요가 없다는 사실로부터 나타난다. 해당하는 열에 2의 거듭제곱의 존재를 지시하는 1을 나타내기 위해서는 단순히 전기 충격을 주고, 2의 거듭제곱의 부재를 지시하는 0을 나타내기 위해서는 전기 충격을 주지 않으면 된다.

만약 라이프니츠가 이진법을 중국 황제를 위해서가 아니라 미래의 계산기를 위해 특별히 발명했더라면, 그는 더 좋은 체계를 발명할 수 없었을 것이다.

거대한 수의 이진법 표현이 어마어마한 공간을 차지한다는 사실이 기계에서는 문제가 되지 않는다. 그렇지만 컴퓨터의 초기 발달 단계에서 이것은 수를 입력시키려는 사람에게 문제가 되었다. 그렇지만 또 다른 수 체계인 16진법을 사용할 수 있었다. 16진법 표현은 십진법보다도 더 간결하다. (물론, 오늘날에는 십진법의 수가 입력되면 기계에 의해 이진법의 수로 변환되기 때문에, 그런 조치는 더 이상 필요하지 않다.) 16진법 체계로 표현된 수의 각 열은 이진법에서 2의 거듭제곱 또는 십진법에서 10의 거듭제곱 대신 16의 거듭제곱으로 증가된다.

$$111(이진법) = 2^2 + 2^1 + 2^0 = 7,$$
$$111(십진법) = 10^2 + 10^1 + 10^0 = 111,$$
$$111(16진법) = 16^2 + 16^1 + 16^0 = 273$$

16진법 체계의 밑이 2의 거듭제곱(2^4)이기 때문에, 이진법과의 호환을 위해 16진법이 채택되었다. 이진법 체계는 2를 밑으로 하기 때문에, 이진법과 16진법에서 2에 대한 몇 개의 거듭제곱을 비교해서 알아 볼 수 있듯이 호환은 비교적 쉽다.

2^0	(이진법)	1	(16진법)	1
2^1		10		2
2^2		100		4
2^3		1000		8
2^4		10000		10

2^5	100000	20
2^6	1000000	40
2^7	10000000	80
2^8	100000000	100
...	...	...

여기의 예에서, 16진법 표현이 십진법 표현과 매우 비슷하게 보이지만, 항상 그렇지는 않다. 16진법으로 수를 완전하게 표현하기 위해서는 십진법 체계에서 사용되는 열 개의 기호에 덧붙여 여섯 개의 기호가 더 필요하다. 한 때 16진법에서 10, 11, 12, 13, 14, 15를 영어 알파벳의 마지막 여섯 글자로 나타내는 것이 통례였다. 즉, u는 10을 나타내고 v는 11을 나타내는 것과 같이 계속된다. 오늘날 IBM PC는 이 대신에 영어 알파벳의 처음 여섯 글자의 대문자를 사용한다. 그래서 xyz와 DEF는 모두 16진법에서 $(13 \times 256) + (14 \times 16) + (15 \times 1)$을 나타낸다. 이 수는 십진법으로 3,567을 의미한다.

우리는 어떤 수의 십진법 표현을 그 수 자체로 생각하는 데 매우 익숙하기 때문에, 10으로 표현된 '둘'과 2로 표현된 '둘'이 서로 같다고는 거의 생각하지 않는다. 밑으로서의 10에 특별히 우월한 점이 있는 것은 아니다. 현대 산술의 우월성은 10에 있는 것이 아니라 0에 있다. 자릿수 산술은 10 이외의 밑에 대해서도 종종 똑같은 정도로 효율적일 수 있으며, 때로는 10 이외의 밑이 더욱 효율적일 수도 있다.

사실, 9를 제외하면 효율적인 수 표현을 위한 밑으로 10이 가장 나쁠 것이라는 말이 있었다. (10은 9보다 낫다. 왜냐하면 9는 하나의 약수(3)를 가지고 있지만, 10은 두 개(2, 5)를 가지고 있기 때문이다.) 네 개의 약수(2, 3, 4, 6)를 가지고 있는 12와 같은 수는, 쉽게 절반이나 1/4 또는 1/3로 나누어지기 때문에, 훨씬 더 실용적인 밑이 될 수 있다. 몇몇 왕족을 포함해서 '12를 단위로 세기'를 옹호하는 사람이 많이 있었다.

(10 대신에 12를 밑으로 사용하자는 완벽한 주장이 앤드루스(F. Emerson Andrews)의 **새로운 수**(New Numbers, Essential Books, New York)에 제시되어 있다.) 일부 수학자들은 자명한 약수인 자신과 1 이외에는 약수가 없는 소수를 밑으로 사용하자고 주장했다. 다른 수학자는 또 다른 밑을 선호한다. 왜 2의 거듭제곱에 바탕을 둔 수 체계는 안 되겠는가?

2 자체 또는 이것의 제곱을 밑으로 사용하는 표현은 비교적 작은 수도 너무 길 수 있다. 한편, 2의 네제곱에 근거한 체계는 이미 알아본 대로 여섯 개의 새로운 기호를 필요로 한다. 그렇다면 2의 세제곱인 8은 어떤가?

팔진법 체계는 수를 연구하는 대다수의 사람들이 나쁜 생각으로 여기지는 않는다. 팔진법에 의한 표현은 십진법에 의한 표현과 거의 같은 정도로 간결하며, 곱셈표는 약간 더

작다. 1/2, 1/4, 1/8을 쉽게 계산할 수 있다.

　　이런 논쟁에도 불구하고, 12, 11, 7, 8 등과 다른 어떠한 수도 수 표현을 위해 일반적으로 사용되는 밑 10을 대체할 것 같지는 않다. 그러나 대체할 수 있다는 사실은 매우 잊기 쉬운 어떤 것을 우리에게 상기시킨다. **수와 수 기호는 같지 않다.** '둘'은 2로 표현될 필요는 없다. 이진법에서와 같이, 어떤 수 표현 체계에서 2라는 기호가 완전히 빠지더라도, 어떤 수 표현에서 2가 통상적인 10의 거듭제곱 두 개 대신에 7의 거듭제곱, 12의 거듭제곱, 8의 거듭제곱 두 개를 나타내더라도, 심지어 낯익은 2를 *b*와 같이 완전히 다른 기호로 대체하더라도, 둘 또는 쌍의 개념은 변하지 않고 남을 것이다. 여전히 2는 흥미로운 수이다.

이진법에서의 문제

십진법이 아닌 다른 수 체계에서는 가장 간단한 계산을 하려고 해도 약간의 연습이 필요하다. 그러나 그런 계산을 할 수 있다는 만족감을 얻게 되는 즐거운 느낌이 있다. 다음은 이진법에서 시행된 덧셈, 뺄셈, 곱셈, 나눗셈의 예이다. 그리고 아래의 유사한 문제는 독자를 위한 것이다.

덧셈 :   100001   또는   33
          +   1011   + 11
             101100   44

뺄셈 :   11110   또는   30
          −   1010   − 10
             10100   20

곱셈 :   1011   또는   11
          ×   11   ×   3
              1011   33
             1011
            100001

나눗셈 :   0.010101…   또는   0.333…
          11) 1.000000   3) 1.000
               11
               100
                11
                100
                 11
                  1

1. 110010 과 1111 을 더하라.
2. 110111 에서 11001 을 빼라.
3. 1010 에 101 을 곱하라.

4. 1을 101로 나누어라.

답

1. 1000001(십진법으로 65) 2. 11110(십진법으로 30) 3. 110010(십진법으로 50) 4. 0.00110011...(십진법으로 0.2)

3

3은 흥미로운 수이다. 왜냐하면 3은 최초의 전형적인 소수이고, 무리로서 소수들은 가장 흥미를 끌기 때문이다.

수학자 하디는 "누군가 어떤 것에 대해 나의 소수 이론에 대한 흥미보다 더 큰 흥미를 갖기는 어려울 것이다."라고 말했다.

전문 수학자가 아닌 많은 사람도 소수의 매력을 느껴왔다. 인간은 다른 인간을 파괴하려는 계획보다 소수에 대한 생각에 더 많은 시간을 보냈다는 인류에 대한 희망적인 논평이 있다.

결국, 소수는 2 또는 3과 같이 자신과 1만으로 나누어떨어지는 수이다. 소수들은 곱셈을 통해 다른 모든 수(합성수)를 생성할 수 있는데, 바로 이런 이유 때문에 종종 '수 체계의 기본 원소'라고 불린다. 2를 제외한 모든 소수는 홀수이다. 왜냐하면 2보다 큰 모든 짝수는 소수 2로 나누어 떨어지므로 합성수이기 때문이다. 그래서 3은 최초의 소수가 아니지만, 최초의 전형적인 소수이다.

생성하는 수와 생성되는 수와 같이 두 가지 형태의 수로 구별하는 방법은 수학에서 비교적 늦게 나타났지만, 이것 역시 고대부터 존재했다. 소수에 대한 최초의 정의는 유클리드의 **원론**에 등장했다. 그렇지만 이보다 훨씬 이전에, 어떤 수는 그 수의 단위들이 직선으로만 배열될 수 있는 **직선수**(rectilinear number)인 반면에, 다른 수는 **직사각수**(rectangular number)라는 사실이 알려졌었다.

```
2   3   5   7  … 그러나  4       6       8       9   …
o   o   o   o           o o     o o o   o o     o o o
o   o   o   o           o o     o o o   o o     o o o
        o   o                           o o     o o o
            o                           
            o                           
            o                           
```

직선수는 자신과 1 이외의 수로 나누어 떨어질 수 없기 때문에, 오직 한 가지 방법으로만 배열될 수 있다. 직사각수는 최소한 두 가지 방법으로, 즉 직선과 직사각형으로 배열될 수 있다. 24와 같은 많은 수는 두 가지 이상의 직사각형 배열을 가진다.

소수-합성수 또는 직선수-직사각수라고 부를 수 있지만, 이런 구별 방법은 실용적인 중요성을 거의 갖지 않는다. 소수는 흥미롭지만 대답하기에 매우 어려운 문제들을 제시한다는 단순한 이유 때문에, 이천 년 이상 동안 인간의 마음을 사로잡아 왔다.

그런 문제 대부분은 소수에 관한 것이다. 왜냐하면 소수에 관한 문제에 답하는 것은 합성수에 대한 문제에도 또한 자동적으로 답하는 것이기 때문이다.

소수에 관한 최초의 질문, 그리고 최초로 답을 얻은 질문은 다음과 같다. "얼마나 많은 소수가 존재하는가?" 좀더 수학적인 표현으로, 이 질문은 소수의 집합이 유한인지 아니면 무한인지를 묻고 있다. 이에 대한 답은 소수에 대한 관심을 끄는 데 대단히 중요하다. 만약 유한 개의 소수가 존재한다면, 무수히 많이 존재하는 경우만큼 흥미를 끌지 못할 것이다. 이론적으로, 수들의 유한 집합에 대해 알고 싶은 모든 사실은 순전히 육체적인 인내심으로 찾아낼 수 있다. 아무리 많이 존재하더라도, 그것들을 셀 수도 있다. 왜냐하면 어떤 점에서 마지막 수가 있기 때문이다. 유한 집합에 관한 문제는 단지 물리적이다. 한편, 무한 집합에 관한 문제는 정신적이다.

규칙적으로 나타나기 때문에 예측할 수 있는 수들에 대해서는, 그것들이 한없이 계속해서 나타난다는 사실을 보이기는 간단하다. 자연수는 무한하다고 말할 수 있다. 왜냐하면 임의의 자연수에 1을 더함으로써 언제나 또 다른 자연수를 얻을 수 있기 때문이다. 임의의 짝수에 2를 더해서 언제나 또 다른 짝수를 만들 수 있고, 임의의 홀수에 2를 더해서 또 다른 홀수를 만들 수 있다. 마지막 자연수는 없고 마지막 짝수도 없으며 마지막 홀수도 없다.

소수와 같은 수에 대해서는, 그것이 얼마나 많은지에 대한 질문에 대답하기가 훨씬 더 어렵다. 자연수는 알이 일렬로 실에 꿰어 똑같은 간격으로 그리고 예외 없이 홀수와 짝수 알이 교대로 배열되어 있는 것으로 생각할 수 있는 반면에, 소수 알은 그런 배열에서 분명히 규칙 없이 나타난다.

짝수(O)와 홀수(X)
OXOXOXOXOXOXOXOXOXOXOXOXOX…

소수(X)와 합성수(O)
--XXOXOXOOOXOXOOOXOXOOOXOO…

소수의 개수가 무한하다는 증명은 기원전 300년경 유클리드의 **원론**에 등장한다. 오늘날에도 이 증명은 전문 수학자 사이에서 부러움과 시샘을 불러일으키는 수학적 아름다움의 뚜렷한 특성을 가지고 있다. 수학자는 "이전에 누구도 이 증명을 생각해내지 못했다면, 과연 내가 이것을 생각해낼 수 있었을까?"라고 스스로 질문하지 않을 수 없다.

3

유클리드는 알렉산드리아 학교에서 가르치며 일생의 대부분을 보낸 아테네 사람이었다. 그는 그 학교의 창설에 도움을 주었다. 턴불(H.W. Turnbull)은 **위대한 수학자들**(The Great Mathematicians)에서 "학식 높고 겸손하며 양심적이고 공정한 사람의 온화한 모습을 그린 그림이 전해 내려왔다. 그는 항상 다른 사람의 독창적인 연구 결과를 알고자 했으며 매우 친절하고 인내심이 강했다."라고 썼다. 유클리드는 수가 쓸모 있기 때문이 아니라 흥미롭기 때문에 평생 동안 수의 연구에 전념한 사람이었다. 한 학생이 어떤 정리를 증명함으로써 무엇을 얻을 수 있는지를 알고자 했을 때, 유클리드는 "저 학생은 배운 것에서 반드시 소득을 얻어야 하기 때문에" 그 학생에게 동전 한 닢을 주라고 하인에게 시켰다.

소수의 개수가 무한하다는 유클리드의 증명은 자연수가 무한하다는 증명과 마찬가지로 간단하다. 그 증명은 한 무리의 소수를 서로 곱해서 얻은 수 n의 바로 다음 수가 (수학적으로 표현하면 $n+1$은) 그 무리에 속한 소수로 나누어 떨어지지 않는다는 간단한 사실에 의존한다. 그 수는 소수일 수도 있고, 곱했던 소수들의 무리에 속하지 않는 소수를 인수로 가진 합성수일 수도 있다. 왜냐하면 소수가 아닌 1을 제외하면 어떠한 수도 n과 $n+1$을 동시에 나누어 떨어뜨릴 수 없기 때문이다.

임의로 선택한 한 무리의 소수를 곱한 다음에 1을 더

하면, 어떤 새로운 소수가 실제로 나타난다는 사실을 관찰할 수 있다. 그러나 소수의 무한성에 대한 유클리드의 증명을 이해하는 데 가장 적절한 방법은 2와 3으로 시작하는 소수들의 집합에 속하는 처음 몇 개의 연속된 소수들의 어떤 무리를 곱했을 때 나타나는 결과를 관찰하는 것이다.

$2 \times 3 = 6$이므로 $6 + 1 = 7$은 또 다른 소수이고,
$2 \times 3 \times 5 = 30$이므로 $30 + 1 = 31$은 또 다른 소수이며,
$2 \times 3 \times 5 \times 7 = 210$이므로 $210 + 1 = 211$은 또 다른 소수이다.

'모든' 소수의 곱에 1을 더하는 대신에, 1을 빼도 같은 결과를 얻을 것이다.

$2 \times 3 = 6$이므로 $6 - 1 = 5$는 또 다른 소수이고,
$2 \times 3 \times 5 = 30$이므로 $30 - 1 = 29$는 또 다른 소수이며,
$2 \times 3 \times 5 \times 7 = 210$이므로 $210 - 1 = 209$는 또 다른 소수인데, 이 수는 우리의 '모든' 소수의 집합에 속하지 않는 소인수 11과 19를 갖고 있다.

소수의 개수가 무한하다는 유클리드의 증명은 결국 다음과 같다. '모든' 소수의 집합을 택하고, 그것들을 서로 곱한 다음에 그 곱에 1을 더하면, (위와 같이) 또 다른 소수 또는 이 집합에 속하지 않는 소인수를 가진 합성수를 얻을 것이다. 그렇다면 분명히 이 집합은 '모든' 소수를 포함할 수 없다. 그래서 또 하나의 소수를 만들어냈고, 이 '모든'

소수의 집합에 아무리 많은 소수를 포함시키더라도 이와 똑같은 방법으로 또 다른 소수를 언제나 만들 수 있다.[1]

따라서 소수의 개수는 무한하다.

합성수도 또한 무한하다. 소수를 하나씩 첨가할 때마다, 이전에 갖고 있지 않았던 합성수를 만들 수 있다. 사실, 합성수로 이루어진 무한 개의 무한 집합을 구성할 수 있다!

자연수 중에서 매우 작은 값으로부터 취한 예가, 소수의 집합에 단 하나의 소수를 추가했을 때 합성수가 생성되는 방법을 보이는 데 충분할 것이다. 단 하나의 소수로 2를 택하면, 다음과 같이 2의 거듭제곱인 합성수를 얻는다.

$$4(=2\times 2),$$
$$8(=2\times 2\times 2),$$
$$16(=2\times 2\times 2\times 2),$$
$$\cdots$$

그런데 이런 2의 거듭제곱은 개수에서 무한하다.

소수의 집합에 3을 첨가하면, 3의 거듭제곱으로 이루

---

[1] 하디와 라이트(E.M. Wright)는 교과서 수론 입문(An Introduction to the Theory of Numbers, Clarendon Press, Oxford)에서 소수의 '평균적인' 분포는 매우 규칙적이지만 이를 자세히 관찰하면 극히 불규칙적이라는 사실에 대해 논평했다. 그들은 이런 이유 때문에 작은 소수들이 암호(cipher)를 위한 훌륭한 기초를 형성할 것이라고 암시했다. ('cipher'라는 단어는 유럽에 소개될 당시 일종의 암호문으로 간주되었던 아라비아 숫자를 뜻하는 'sifr'로부터 부수적으로 유래했다.)

어진 합성수의 또 다른 집합을 얻는다.

$$9(=3\times3),$$
$$27(=3\times3\times3),$$
$$81(=3\times3\times3\times3),$$
$$\cdots$$

이것들도 또한 개수에서 무한하다. 소수의 집합에 3을 추가함으로써, 또 다른 수의 무한 집합을 얻을 수 있다. 이를테면 2의 거듭제곱 각각에 3을 곱하면 다음을 얻는다.

$$12(=2\times2\times3),$$
$$24(=2\times2\times2\times3),$$
$$48(=2\times2\times2\times2\times3),$$
$$\cdots$$

사실, 이것은 쉽게 말할 수 있지만 이것의 거대함 전체를 파악하기는 어려운데, 소수의 집합에 3 또는 임의의 소수를 첨가함으로써 합성수의 집합을 무한 개의 무한 집합으로 증가시킬 수 있다. 2의 거듭제곱 각각에 3을 곱한 것과 마찬가지로, 2의 거듭제곱 각각에 (무수히 많은) 3의 각 거듭제곱을 곱할 수 있다.

여기에서 잠시 멈추고 무수히 많은 합성수가 존재한다는 사실을 인정하는 것이 온당할 것이다.

그렇다면 소수의 개수와 합성수의 개수를 어떻게 비교

할 수 있을까?

　소수는 2와 3을 선두로 시작하고 13과 17이 뒤따르며 점점 더 간격이 벌어지면서 계속된다. 소수가 계속해서 점점 더 희박해지는 반면에 합성수는 계속해서 더 많아진다. 단 한 개의 소수도 나타나지 않지만, 만, 억, 조 등과 같이 '원하는 만큼 많은' 연속된 합성수만으로 이루어진 자연수의 한없는 열이 등장하는 장소가 있다. 이런 장소를 극적인 표현으로 '소수 사막'(prime desert)이라고 부르는데, 인간의 영역이 될 수 없는 그런 장소의 존재를 수학적인 탐험을 하지 않고도 쉽게 증명할 수 있다.

　'원하는 만큼 많은'이라는 말은 수론에서 선호되는 하나의 표현이다. 이것이 약간 특별한 표현처럼 들릴지 모르지만, 반드시 그렇지는 않다. 자연수 사이에 '원하는 만큼 많은' 연속된 합성수의 열이 있다고 말할 때, 우리는 이 말이 의미하는 바를 정확하게 뜻하고 있다. 편의를 위해, 다섯 개의 연속된 합성수를 찾는다고 하자. 먼저 1부터 6까지의 수를 곱해서 720을 얻는다. (여기에서 6은 우리가 찾고자 하는 다섯 개의 수에서의 다섯보다 하나 더 크다.) 그러면 다섯 개의 연속된 수 722, 723, 724, 725, 726이 모두 합성수가 된다는 사실을 분명히 알 수 있다.

　어떻게 이 사실을 알 수 있을까? 720은 2로 나누어 떨어진다. 왜냐하면 2는 720을 만들 때 함께 곱한 수 중 하나이기 때문이다. 720이 2로 나누어 떨어지므로 722도

2로 나누어 떨어져야 한다. 그러므로 722는 자신과 1 이외에 적어도 하나의 다른 수로 나누어 떨어지므로 합성수이다. 720은 3으로 나누어 떨어지므로, 723도 3으로 나누어 떨어진다. 724는 4로 나누어 떨어지고, 725는 5로, 726은 6으로 나누어 떨어져야 한다. 소수가 전혀 포함되지 않은 '원하는 만큼 많은' (이 경우에는 다섯 개의) 연속된 합성수를 찾아냈다. 이 특별한 예에서 721도 또한 합성수이다. 그러나 연속된 자연수를 곱해서 얻은 수의 바로 다음 수가 소수일 수도 있다고 일반적으로 가정해야 한다. 왜냐하면 이 증명에 근거해서 자신과 1을 제외한 다른 약수에 대해 전혀 알 수 없기 때문이다.

위와 똑같은 과정에 의해서, 5 대신에 백만을 원한다면, 어떤 두 소수 사이에서 적어도 백만 개의 연속된 합성수가 존재하는 자연수의 열을 찾아낼 수 있다. 그러나 어떤 수 이후의 모든 수가 합성수인 그런 수는 결코 존재하지 않는다.

'원하는 만큼 많은' 연속된 합성수의 존재를 증명할 수 있더라도, 어떤 수 이후에는 단 하나의 합성수에 의해 떨어져 있는, 즉 차가 2인 소수의 쌍이 더 이상 존재하지 않는 그런 수가 존재한다고 증명할 수도 없다. 그런 '쌍둥이' 소수 중에서 현재까지 알려진 가장 큰 소수의 쌍은 $1706595 \times 2^{11235} \pm 1$이다. 이 쌍둥이 소수는 스스로를 '암달의 6인' (The Six of Amdahl)이라고 부르는 일단의 수학자들에 의해 1989년에 발견되었다.[2] 이 쌍둥이 소수는 3,389자리의 수이다. 합성수에 의해 떨어져 있지 않은 유일한 소수인 2와 3을 때때로 '샴(Siam)의 쌍둥이 소수'로 부르기도 한다.

'거의 대부분'의 수는 합성수이지만, 무수히 많은 소수가 존재한다.

어떤 특정한 수가 소수인지 합성수인지를 판정하기는 종종 극도로 어렵지만, 미리 알고 있는 수를 '조작'해서 합성수로 만들기는 매우 쉽다. 몇 개의 소수를 단순히 서로 곱하면 합성수가 된다. 그렇지만 소수에 대해 이와 비슷한 조작을 할 수는 없다. 왜냐하면 어느 누구도 항상 소수가 되는 수의 형태를 결정할 수 없었기 때문이다.

소수를 생성하는 공식을 찾아내려고 부단히 노력했다. 그렇지만 단 한 사람도 성공하지 못했다.

그렇다면 어떤 수의 소수 여부를 어떻게 알 수 있을까?

이것은 수론에 많이 존재하고 있는 남을 현혹시키는 간단하고 작은 질문 중 하나이다. 어떤 수의 소수 여부를 판정하는 일반적인 방법은 소수와 합성수 사이의 차이점에 내재되어 있다. 즉, 나누어 떨어질 수 있는 수는 소수가 아니다. 판정하려는 수를 그 수의 제곱근보다 작거나 같은 모든 소수로 나누어 보는 간단한 방법으로, 그 수의 소수 여부를

---

2. 암달의 6인은 J. Brown, L.C. Noll, B. Parady, G. Smith, J. Smith, S. Zarantonello 등이다.

판정할 수 있다. (어떤 수의 소인수 중 적어도 하나는 그 수의 제곱근보다 작거나 같아야 한다. 왜냐하면 모든 소인수가 그 수의 제곱근보다 크면 소인수들의 곱은 그 수 자체보다 더 크게 되기 때문이다.) 97의 경우에 이것은 2, 3, 5, 7로 나누어 보는 것을 의미한다. 97이 이 네 개의 소수 각각에 의해 나누어 떨어지지 않으면, 97은 자신과 1을 제외한 어떤 수로도 나누어 떨어지지 않는다.

위와 같은 소수 판정법의 변형인 **에라토스테네스의 체** (Sieve of Eratosthenes)라고 부르는 방법이 있다. 기원전 276년경부터 기원전 194년경까지 살았던 에라토스테네스는 놀라울 정도로 정확하게 지구의 크기를 측정한 사실로 특히 기억되고 있다. 에라토스테네스의 체는 분명히 합성수로부터 소수를 분리해내는 최초의 체계적인 시도였으며, 소수와 소인수에 대한 그 뒤의 수표는 모두 이 방법의 확장에 근거했다. (그런 수표의 편찬은 엄청난 양의 작업을 요구하지만, 언제나 합당한 보상을 받지는 못했다. 오스트리아 제국 재무성의 기금으로 1776년에 출판된 한 수표는 매우 적게 판매되었기 때문에, 그 수표가 인쇄된 종이를 거두어들여서 터키와의 전쟁에서 탄약통으로 사용되었다고 한다.)

에라토스테네스의 체를 사용하면, 2 뒤에 한 수씩 건너뛰어 나타나는 수들을 제거하고 3 뒤에는 두 수씩 건너뛰어 나타나는 수들을 제거하는 것과 같은 방법으로 합성수를 제거함으로써, 100보다 작은 모든 소수를 찾아낼 수 있다.

이 과정은 다음과 같은 수들을 남기는데, 이것들은 모두 소수이다.

```
X  X  2  3  X  5  X  7  X  X
X  11 X  13 X  X  X  17 X  19
X  X  X  23 X  X  X  X  X  29
X  31 X  X  X  X  X  37 X  X
X  41 X  43 X  X  X  47 X  X
X  X  X  53 X  X  X  X  X  59
X  61 X  X  X  X  X  67 X  X
X  71 X  73 X  X  X  X  X  79
X  X  X  83 X  X  X  X  X  89
X  X  X  X  X  X  97 X  X
```

어떤 범위 내의 모든 소수를 쉽게 찾을 수 있도록 하는 에라토스테네스의 체의 방법과 특정한 수를 가능한 모든 소인수로 나누어 보는 고통스러운 방법 이외에, 완벽하게 일반적인 소수 판정법이 꼭 한 가지 존재한다. 그 판정법을 서술한 정리는 뛰어난 수학자가 아니라 뒤에 법학을 공부하기 위해 수학을 포기했던 한 젊은 학생의 이름을 지니고 있다. 윌슨(John Wilson, 1741-1793)은 케임브리지 대학교를 다녔는데, 그를 가르쳤던 교수인 워링(Edward Waring)은 나중에 **윌슨의 정리**로 불리게 된 다음과 같은 정리를 그가 말했다는 사실을 기록으로 남겼다.

수 n이 1보다 클 때, $(n-1)!+1$이 n의 배수이기 위한 필요 충분 조건은 n이 소수이다.

윌슨이 이 정리를 증명했다고 생각되지는 않는다. 아마도 그는 몇 가지 경우에 대한 계산을 통해 이 결과에 도달했을 것이다. 라이프니츠가 이와 똑같은 정리를 이미 주장했었지만 발표하지는 않았다는 사실이 현재 확인되고 있다. 나중에 이 정리는 여러 사람에 의해 증명되었으며, 그들의 이름도 또한 수학사에 영원히 남아 있다. 그렇지만 이 정리는 이를 처음 발표한 그 젊은 학생의 이름을 계속 간직하고 있다. 이 정리가 증명되었을 때 윌슨은 판사였으며, 그가 또 다른 수학적인 업적을 남겼는지는 기록에 남아 있지 않다.

윌슨의 정리라고 부르는 이 정리는 대단히 완벽하고 일반적이다. 이것은 임의의 수에 대한 소수 판정법으로 적용될 수 있고, 이 판정법을 통과한 수는 소수이다. 윌슨의 정리보다 더욱 유용한 소수 판정법이 있다. 그러나 그 어느 것도 이 방법과 같은 정도의 일반성을 갖고 있지는 않다.

윌슨의 정리를 사용해서 어떤 수의 소수 여부를 판정하기 위해서는, 먼저 $(n-1)!$을 계산해야 한다. 말로 표현하면, 이 식은 **판정하려는 수 n의 바로 직전까지의 모든 수의 곱**을 의미한다. 이를 **계승**이라 부르고, 감탄 기호는 계승을 뜻하는 수학 기호이다. 7이 소수임을 판정하려면, 먼저 곱 $(7-1)!$ 또는 $6!$을 구해야 한다. 이것은 $1 \times 2 \times 3 \times 4 \times 5 \times 6$, 즉 720이다. 윌슨의 정리에 의해 7이 소수이기 위한 필요 충분 조건은 $(n-1)!+1$, 즉 721이 7로 나누어 떨어지는 것이다. 721을 7로 나누면 정확하게 103이므로, 7이 소수임을 알게 된다.

윌슨의 정리를 적용할 때의 문제점은 이것이 유용하다기보다는 아름답다는 사실에 있다. 관련된 수들이 매우 크고 매우 빠르게 증가하지만, 여기에서 대단히 어려운 점은 시행되어야 하는 서로 다른 연산의 개수이다. 잠시 시간을 내서 비교적 작은 $26!$과 같은 수를 계산해보자. 이 수는 영어 알파벳을 나열하는 서로 다른 방법의 가짓수이다. 수

170, 141, 183, 460, 469, 231, 731, 687, 303, 715, 884, 105, 727

이 소수이기 위한 필요 충분 조건은 이 수가

170, 141, 183, 460, 469, 231, 731, 687, 303, 715, 884, 105, 726! + 1

을 나누어 떨어뜨리는 경우라는 사실을 아는 것은 즐거운 일이다. 그러나 유용성을 중히 여기지 않는 수론에서도 이것은 매우 유용한 정보로 간주되지는 않는다.

(공교롭게도 이 수는 소수인데) 매우 긴 이 수가 소수라는 사실은 완전히 다른 방법으로 발견되었다. 루카스 (Edouard Lucas, 1842-1891)가 1876년에 발견한 방법은

윌슨의 정리와 같이 가능성 있는 약수를 찾아내지 않고 소수 여부를 판정한다. 이런 근거에서 어떤 수가 소수가 아니라는 사실을, 따라서 그 수가 자신과 1 이외의 어떤 수로 나누어 떨어진다는 사실을 알 수 있지만, 그 수의 약수를 알 수는 없다.

 루카스에 의하면, 2 보다 큰 자연수 n 에 대해 2^n-1 꼴의 수 N 이 소수이기 위한 필요 충분 조건은 첫째 항이 4 이고 둘째 항이 첫째 항의 제곱 빼기 2(즉, 4^2-2)이며 셋째 항이 둘째 항의 제곱 빼기 2(즉, $(4^2-2)^2-2$)와 같이 진행하는 수열 4, 14, 194, 37643, …의 $(n-1)$째 항이 N 으로 나누어 떨어지는 경우이다. 이 방법으로 7의 소수 여부를 판정하기 위해서는 7로 이 수열의 $(n-1)$째 항을 나누어봐야 한다. 7의 경우에 n 이 3이므로, $n-1=2$ 이고 둘째 항은 14이다. 14가 7로 나누어 떨어지므로, 7은 소수이다. 이런 꼴의 다음 수, 즉 $15=2^4-1$ 의 소수 여부를 판정하기 위해서는 15로 이 수열의 셋째 항 194를 나누어봐야 한다. 그런데 194는 15로 나누어 떨어지지 않는다. 따라서 15는 합성수이다. 그렇지만 다음 수 31은 37,634를 나누어 떨어뜨리므로 소수이다.

 루카스의 소수 판정법도 $2^{127}-1$ 과 같은 경우에는 다루기가 꽤 어려워진다. $2^{127}-1$ 의 소수 여부를 판정하기 위해서는 170, 141, 183, 460, 469, 231, 731, 687, 303, 715, 884, 105, 727로 위 수열의 126째 항을 나누어봐야 한다. 이렇게 큰 수를 다루기 위해 루카스는 지름길을 고안했다. 그는 위 수열의 각 항의 제곱을 취하는 대신에 판정하려는 수를 나눈 다음에 나머지만의 제곱을 취했다. 이런 지름길을 통해, 그는 자신의 새로운 방법과 함께 $2^{127}-1$을 판정해서 이것이 소수라는 사실을 밝혀냈다고 발표했다.

　루카스 방법의 지름길은 기계 계산과 특히 잘 어울린다. 1952년 '메르센(Mersenne) 수'라고 부르는 수들의 소수 판정이 컴퓨터에 의해 최초로 성공했을 때 이 방법이 사용되었다. 이 방법에 의해 소수로 밝혀진 가장 큰 수는 $2^{2281}-1$이었다. 이 수는 이진법으로 2281개의 1로 표현된다.

　거대한 소수의 크기에 대한 느낌을 얻기 위해서, 그 수가 자체로 매우 크게 느껴지는 어떤 수의 몇 배보다도 크다고 말하는 것이 전통적으로 사용되었다. 그러나 $2^{2281}-1$로 표현되는 수는 대단히 커서, 이 수를 우주의 전자 전체의 개수만큼이나 되는 그렇게 큰 수와도 비교할 수 없다. 전자 전체의 개수의 제곱은(이 수는 대단히 거대한 수로 하나의 전자를 우주 전체의 전자로 대체했을 때의 수인데) 비교적 작은 소수인 $2^{521}-1$과 동등하다.

　1952년 이래 훨씬 더 큰 메르센 수의 소수 판정이 많이 이루어졌다('6'에 관한 장에서 알아볼 것이다). 이 책을 쓰고 있을 때까지 밝혀진 가장 큰 메르센 소수는 $2^{216091}-1$이다. 현재까지 알려진 가장 큰 소수는 $391581 \times 2^{216193}-1$인

데, 이 수는 십진법으로 65,000 자리 이상의 수이며, 1989년 암달의 6인에 의해 발견되었다.³

3과 마찬가지로 $391581 \times 2^{216193} - 1$ 과 같이 거대한 수도 자신과 1에 의해서만 나누어 떨어진다는 사실에 가벼운 전율을 느끼지 않는 독자는 거의 없을 것이다. 그러나 산을 바라보기만 하고 그것을 오르려는 충동을 느끼지 못하는 사람이 있는 것과 같이, 다른 사람의 충동을 대신해서 느낄 수조차 없는 사람도 있다. 거대한 수를 인식할 수는 있지만, 그것이 소수인지 합성수인지 그리고 어떤 다른 것인지에 대해 전혀 호기심을 느끼지 않는 사람도 많이 있다. 어떤 사람이 거대한 수의 소수 여부를 판정하게 만드는 것이 무엇이든 간에, 그것은 아마도 산을 올라가려고 어려운 계획에 착수하도록 만드는 충동과 어느 정도 공통점이 있을 것이다. 어떤 유명한 등산가에게 산을 올라가는 이유를 물었을 때, 그는 "거기에 산이 있기 때문이다."라고 대답했다고 한다.

수의 소수 여부를 판정하는 데 관심을 가진 사람이 있다는 사실은 소수 이론을 위해서는 다행스러운 일이다. 일반적으로, 소수에 대해 현재 알려진 많은 사실은 개별적인 소수에 대한 광범위한 조사에 의해 최초로 암시되었다. 그러나 어떤 특별한 산을 올라가기보다 더욱 더 흥미로운 점

---

3. 현재까지 알려진 가장 큰 소수는 1994년에 발견된 258,716 자리의 메르센 소수 $2^{859433} - 1$ 이다.

은 산에 대한 사실을 알아내는 것이다. 효율적이고 일반적인 소수 판정법의 고안은 어떤 특별한 수의 소수 여부를 알아내는 것보다 훨씬 더 흥미롭다. 비록 그 특별한 수가 아무리 크더라도. 만약 소수를 끊임없이 생성하는 공식이 있다면, 이 사실은 그 공식에 의해 생성되는 소수 또는 그 공식 자체보다 더 흥미로울 것이다. $391581 \times 2^{216193} - 1$이 소수라는 사실보다 마지막 소수가 존재하지 않는다는 사실이 훨씬 더 흥미롭다. 그런데 이 사실은 매우 큰 수를 표현하는 데 어려움을 겪었던 시절에 이미 증명되었었다.

하디가 "누군가 어떤 것에 대해 나의 소수 이론에 대한 흥미보다 더 큰 흥미를 갖기는 어려울 것이다."라고 말했을 때, 그가 의미하는 바는 개별적인 소수가 아닌 무한 집합으로서의 소수 이론에 관한 것이었다.

3의 거듭제곱

3의 첫 세 개의 거듭제곱(1, 3, 9)과 같은 무게의 분동 세 개가 있고 천칭 저울의 양팔에 분동을 올려놓을 수 있다면, 1에서 13까지의 파운드에 해당하는 무게를 가진 임의의 물체의 무게를 잴 수 있다. 다음 그림에서 □은 측정하려는 무게를 나타내고 ○은 분동을 나타낸다.

왼쪽 팔			오른쪽 팔		
①			①		
②	①		③		
③			③		
④			③	①	
⑤	①	③	⑨		
⑥	③		⑨		
⑦	③		⑨	①	
⑧	①		⑨		
⑨			⑨		
⑩			⑨	①	
⑪	①		⑨	③	
⑫			⑨	③	
⑬			⑨	③	①

1. 똑같은 조건에서 3의 첫 네 개의 거듭제곱과 같은 무게의 분동 네 개를 사용하면, 얼마나 많은 서로 다른 무게를 잴 수 있는가?

2. 3의 첫 다섯 개의 거듭제곱과 같은 무게의 분동을 사용하면, 얼마나 많은 무게를 잴 수 있는가?

3. 3의 첫 세 개, 네 개, 다섯 개의 거듭제곱과 같은 무게의 분동을 가지고 서로 다른 무게를 재는 위의 사실을 이용

1. 네 개의 분동을 가지고 1에서 40파운드까지의 무게를 잴 수 있다. 2. 다섯 개의 분동을 가지고 1에서 121파운드까지의 무게를 잴 수 있다. 3. 일반적 질문의 답은 $(3^n - 1)/2$로 표현된다. 여기에서 n은 3의 거듭제곱의 개수이다.

답

하면, 3의 몇 제곱과 가능한 기틀과 분동을 사용했을 때 몇 개의 추로 측정 가능한 무게를 가지고서 일반적인 공식을 지금 알아낼 수 있는가?

4

2 곱하기 2 는 4 이다. 이것이 수 4 에 관한 가장 흥미로운 사실이다. (시시한 경우인 0^2 과 1^2 을 무시하면) 4 는 최초의 완전제곱수이다. 4 는 2^2 이다.

    4 의 대칭성에 관한 매우 믿음직한 사항이 있다. 최초의 그리고 가장 영속적인 수 개념 중 하나는 '지구의 수' (earth number)로서의 4 에 관한 것이었다. 지구에는 여전히 네 방향의 바람[1]과 네 가지 원소[2] 및 네 구석[3]이 있다. 지구가 둥글다는 사실이 밝혀진 뒤 오랜 세월이 흘렀지만, 지구가 네모처럼 생겼다고 생각했던 시대를 상기시키는 통속적인 표현이 아직도 셀 수 없이 많이 통용되고 있다.

---

1. 동풍, 서풍, 남풍, 북풍
2. 흙, 물, 불, 바람
3. 동서남북

수에 적용된 **제곱** 또는 **평방**(square)이란 용어는 그리스 사람들의 유산이다. 그들은 수를 기하학자의 눈으로 봤다. 그들에게 제곱수 또는 평방수는 그 수만큼의 단위들을 정사각형 안에 배열할 수 있는 수였다. 전설에 따르면, 수의 단위들을 그런 모양으로 배열한 것은 고대 피타고라스 학파로부터 유래했다고 한다. 그들은 모래 위에 사람, 동물, 물건 등을 조약돌로 만들고 나서, 각각을 표현하는

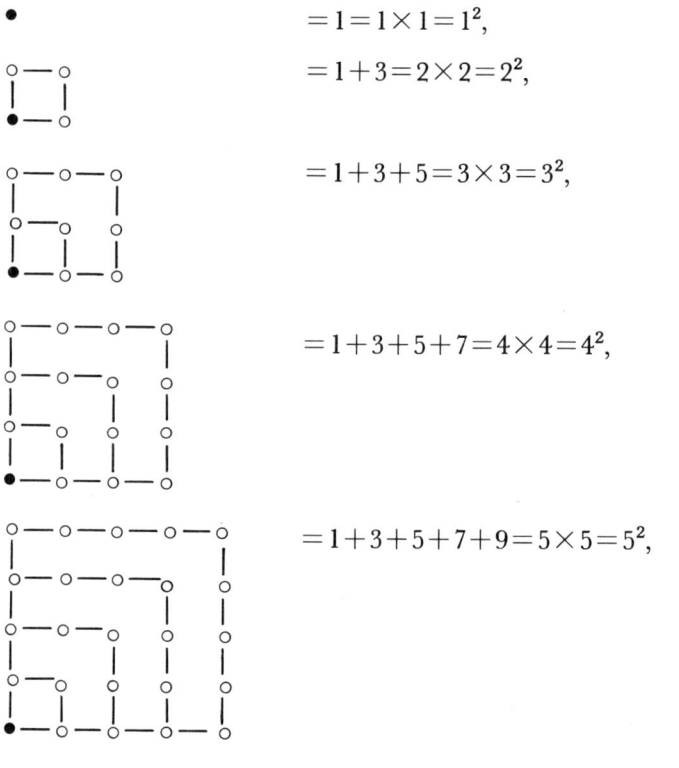

데 사용된 조약돌의 개수를 그 대상에 할당했다고 한다. 그들이 주목했던 정사각형 모양을 가진 수들은 여러 가지 흥미로운 방법으로 다른 수들과 관련이 있다. 예를 들면, 각 제곱수는 연속된 홀수들의 합이다. 그리고 이것은 1부터 시작해서 홀수를 하나씩 하나씩 더함으로써 모든 제곱수를 구성할 수 있는 방법이다. 각 제곱수는 또한 어떤 자연수와 그 자신의 곱이다.

제곱수를 생각하는 한 가지 방법으로 n^2과 같이 지수를 사용한 표현이 이미 오래 전에 단위들의 기하학적 배열을 대체했지만, 시각에 의존했던 그리스 사람들이 붙여준 이름인 평방수는 계속 사용되어 왔다.

위에 표현된 관계들은 4와 다른 제곱수들이 2000년 이상 동안 흥미를 유지시킨 종류의 관계는 아니다. 신기한 시선으로 수를 관찰하는 사람에게 매혹적으로 보일지라도, 이것들은 쉽게 이해되고 쉽게 증명된다.

그렇지만 제곱수와 다른 수 사이의 관계를 증명하고 인식하는 데 어려움은 수학적 관심을 대한 유일한 기준은 아니다. 단지 쳐다보기만 해도 이해할 수 있고, 또 매우 자명해서 가장 간단한 증명만이 필요한 제곱수와 자연수 사이의 어떤 놀라운 관계를 고려해 보자.

모든 수에 대해 그것의 제곱이 존재한다. 이 사실을 증명할 필요조차 없다. 왜냐하면 이는 어떤 수와 자신과의 곱으로서의 제곱수에 대한 정의에 이미 함축되어 있기 때문이다. 모든 수에 대응하는 그것의 제곱수가 있다면, 자연수의 개수와 같이 제곱수의 개수도 무한하다. 그리스 사람들도 이 사실을 알고 있었다. 그들이 알고 있던 소수의 개수가 무한하다는 사실보다 이 사실의 이해가 훨씬 더 쉽다. 그렇지만 자연수와 마찬가지로 제곱수도 무한하다는 사실은 그리스 사람들에게 그 이상의 아무것도 암시하지 않았으며, 그 뒤 갈릴레오 시대까지의 모든 사람에게도 아무것도 암시하지 않았다.

갈릴레오(Galileo Galilei, 1564-1642)가 **브리태니커 백과 사전**(Encyclopedia Britannica)에 천문학자와 실험 철학자로 기록되어 있지만, 그리고 이것이 그에 대한 우리의 일반적인 생각이지만, 사실 그는 수학 교수였다. 제곱수와 자연수가 모두 무한하다는 사실은, 그가 죽고 200년이 더 지난 뒤에 무한 이론의 전개에서 기본이 되는 관계를 그에게 암시했다. 이 암시와 함께, 독자는 자신도 또한 다음과 같은 수 사이에 암시된 관계를 알아낼 수 있는지를 알아보는 것은 흥미로울 것이다.

0	0^2	0
1	1^2	1
2	2^2	4
3	3^2	9
…	…	…

갈릴레오가 처음으로 알아낸 것은 자연수를 사용해서 제곱수를 '셀' 수 있다는 사실이었다. 영째 제곱수는 0, 첫째 제곱수는 1, 둘째 제곱수는 4, 셋째 제곱수는 9 등과 같이 계속된다. 세는 데 사용되는 자연수와 세고 있는 제곱수 사이의 차는 세고 있는 제곱수가 커짐에 따라서 더욱 커진다. 예를 들면, 열째 제곱수는 100이다. 그러나 중요한 것은 세고 있는 제곱수가 결코 고갈되지 않는다는 사실이다. 모든 자연수에 대응하는 제곱수가 존재한다. 수를 이해하기 위한 초보 단계에서 두 마리의 늑대와 새의 두 날개를 일대일 대응으로 생각했던 것과 똑같은 방법으로, 제곱수의 집합과 자연수의 집합 사이에 일대일 대응을 설정할 수 있다.

여기에 분명한 차이점이 있다. 늑대와 날개는 유한이고, 이 예에서 각각은 정확하게 두 개씩 포함되어 있다. 자연수와 제곱수는 모두 무한하다. 그런데 제곱수보다 훨씬 더 많은 자연수가 있다. 왜냐하면 자연수를 따라 더 진행해 나아가면 제곱수가 점점 더 적게 나타나기 때문이다. 이것이 진실임을 알아보기 위해서 매우 큰 수까지 가 볼 필요는 없다.

$\boxed{0}$, $\boxed{1}$, 2, 3, $\boxed{4}$, 5, 6, 7, 8, $\boxed{9}$, 10, 11, 12, 13, 14, 15, $\boxed{16}$

갈릴레오가 이 이상한 모순을 해결한 방법은 **수학적 답**

화와 증명(Mathematical Discourses and Demonstration)에 등장하는 살뷔아티(Salviatus)라는 인물을 통해 설명된다. 방금 지적한 대로, 제곱수와 자연수 사이에 일대일 대응을 설정할 수 있음을 설명한 뒤에, 살뷔아티는 다음과 같은 결론에 도달했다.

"나는 다음과 같이 말하는 것 이외에, 이를 받아들일 수 있는데, 다른 결론을 찾을 수 없다. 자연수 전체는 무한하다. 제곱수도 무한하다. 그리고 제곱수의 개수는 자연수 전체의 개수보다 작지도 않고 크지도 않다. 그래서 결론적으로 같음, 많음, 적음 등과 같은 속성은 무한대에는 적용되지 않으며, 단지 유한한 양에만 적용된다."

갈릴레오의 이 결론은 현대 수학에서 가장 중요한 정의 중 하나를 제공한다. 갈릴레오가 제곱수와 자연수 전체 사이의 관계에서 인식했던 사실에 기초해서, 현재 다음과 같이 말하고 있다.

> 어떤 집합이 자신의 일부와 일대일 대응 관계에 있을 때, 그 집합을 **무한 집합**이라고 부른다.

이 정의가 자연수의 무한 집합에 대해 참인 것과 똑같이, 제곱수의 무한 집합에 대해서도 참이다. 제곱수를 짝수와 홀수로 분리하면, 두 부분 집합의 원소들을 제곱수 전체와 일대일 대응으로 만들 수 있다는 사실을 발견하게 된다.

짝수인 제곱수	홀수인 제곱수	모든 제곱수
0	1	0
4	9	1
16	25	4
36	49	9
64	81	16
…	…	…

결코 제곱수를 모두 고갈시킬 수 없으며, 짝수 또는 홀수인 제곱수도 모두 고갈시킬 수 없다. 제곱수를 모두 고갈시킬 수 없다는 확신을 갖고 휴식을 취할 수 있다.

제곱수와 관련된 문제도 또한 모두 고갈시킬 수 없다. 무리로서 그런 문제들이 유한하더라도, 수세기 동안 수학자들을 바쁘게 만들었고 모든 점에서 볼 때 앞으로도 계속 바쁘게 만들 개별적인 문제가 여전히 만족할 만큼 많이 존재한다. 의심할 바 없이 수학에서 가장 잘 알려진 정리와 관련된 제곱수에 관한 문제로서 다음과 같은 특수한 경우가 있다.

직각 삼각형의 빗변의 제곱은 나머지 두 변의 제곱
의 합과 같다.

일반적으로 **피타고라스 정리**라고 부르는 이 명제는 기원전 500년경 피타고라스 또는 그의 후계자 중 한 사람에 의해 서술되고 증명되었다. 수에 관한 대부분의 그리스 명제와 같이, 이것은 기하학적이다. 그러나 이것은 흥미로운 산술 문제의 모습을 하고 있다. 다음 방정식의 정수 해는 무엇인가?

$$a^2 + b^2 = c^2$$

하나의 해는 오래 전부터 알려졌다. 이집트 사람들은 자동적으로 직각 삼각형을 만들기 위해서 밧줄을 3, 4, 5 단위로 구획 지어서 피라미드를 건설하는 데 사용했다.

$3^2 + 4^2 = 5^2$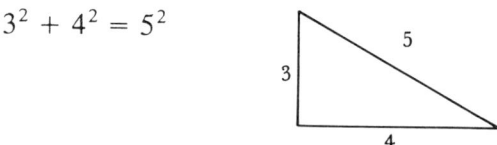

이 문제의 원시 해 전체를 찾는 방법이 있다. 어쩌면 피타고라스 학파도 이를 알고 있었겠지만, 그것이 직각 삼각형에 대한 문제의 결말은 결코 아니었다. 이것과 제곱수 사이의 관계 때문에, 기하학적으로 표현되었음에도 불구하고 (자연수 길이의 변을 가진 직각 삼각형을 일컫는) 피타고라스 삼각형은 실제로 수세기 동안 셀 수 없이 많은 산술 문제의 근거가 되었다. 피타고라스가 죽고 약 7세기가 지난 뒤에, 제곱수 및 고차의 거듭제곱수와 관련된 다른 많은 문제와 함께, 그런 문제들은 알렉산드리아의 디오판토스 (Diophantus)가 저술한 작은 책에 등장했다. 이 사람의 이름은 제곱수와 영원히 관계를 맺게 되었다.

디오판토스는 그리스 사람이었지만, 그리스 사람답지 않게 대수학에 관심을 가졌다. 그가 제시했던 문제 이외에 그에 대해 알려진 사실이 매우 적다. 사실, 거의 없기 때문에, 그가 살았던 시기마저도 그를 언급했거나 언급하지 않았던 다른 사람들의 글을 통해 어림잡을 수밖에 없다. 그가 마지막으로 제시했던 문제가 새겨진 다음과 같은 비문이 그의 사생활에 대해 알 수 있는 전부이다.

"여기서 당신은 디오판토스의 유해가 묻혀 있는 무덤을 볼 수 있는데, 이것은 주목할 만하다. 이것은 교묘하게 그의 생존 기간을 알려준다. 신은 그에게 일생의 6분의 1을 어린이로 살게 했다. 12분의 1이 더 지난 뒤에 그의 뺨에 수염이 났다. 7분의 1이 더 지난 뒤에 화촉을 밝혔으며, 5년 뒤에 아들을 얻었다. 사랑스럽지만 불행한 소년 엘라스 (Elas)는 아버지가 살았던 기간의 반을 살았는데, 이것도 또한 잔혹한 운명의 신이 그에게 허락한 기간이었다. 그래서 디오판토스는 4년의 여생을 슬픔을 억누르며 살았다. 이 수치들은 그의 생존 기간을 알려준다."

x를 디오판토스가 죽었을 때의 나이로 생각하면, 이 문제는 다음 방정식에서 x에 대한 풀이가 된다.

$$\frac{x}{6}+\frac{x}{12}+\frac{x}{7}+5+\frac{x}{2}+4=x \quad [4]$$

---

4. $x=84$

이것이 **디오판토스 문제**라고 부르는 형태의 문제는 아니다. 이 문제는 너무 단순하다. 이 문제에서는 x가 취할 수 있는 값이 단 한 개 존재한다. 좀더 전형적인 디오판토스 문제는 피타고라스 삼각형에 대한 고대의 문제이다. 즉, 방정식 $a^2+b^2=c^2$에 대한 정수 해를 찾는 것이다.

특별히 이 문제와 관련해서 디오판토스는 제곱수를 대단히 좋아했다. 그의 문제 중 하나는 특히 흥미로운데, 곧 알아보겠지만 그 문제가 수학사에서 증명하기가 가장 어려웠던 정리를 탄생시켰기 때문이다. 그 문제는 디오판토스의 책 **산학**(Arithmetic) 제 2권의 8번 문제로 나타나는데, **주어진 제곱수를 두 개의 제곱수로 나누기**이다. 이것은 **직각삼각형의 빗변의 제곱이 주어졌을 때 다른 두 변의 제곱을 찾기**와 똑같은 문제이다. 이것은 분명히 그 고대의 문제의 헤아릴 수 없이 많은 변형 중 하나이다.

산학에 있는 다른 문제와 함께 이 문제는 수세기 동안 읽혀지고 논의된 뒤에 이를 전혀 예측할 수 없는 방향으로 이끈 어떤 사람의 손에 들어갔다. 알렉산드리아의 디오판토스는 서기 3세기에 죽었지만, 거의 1400년이 지난 뒤에 현대 수론의 아버지로 불리게 된 사람을 수의 세계로 인도한 영예를 누리게 되었다.

페르마(Pierre Fermat, 1601-1655)가 디오판토스의 **산학**을 입수했을 때, 그는 30세의 부지런히 활동하는 출세한 법률가였다. 그 때까지 그는 분명히 수에 대해 피상적인 관심밖에 갖고 있지 않았었고 진지한 수학을 연구하기에는 좀 늙은 상태에 있었다. 훌륭한 수학은 젊은 사람에 의해 대부분 만들어졌는데, 종종 매우 어린 사람에 의해 만들어졌다. 문학에서 이미 불후의 업적을 남기고 젊어서 죽은 시인들을 알고 있다. 말로(Christopher Marlowe)는 29세에 죽었고 셸리(Shelly)는 30세에 죽었으며 키츠(Keats)는 26세에 죽었다. 그러나 그들은 일부 위대한 수학자보다 일찍 죽지는 않았다. 갈루아(Galois)는 파리에서 결투중에 20세에 죽었고 아벨(Abel)은 노르웨이에서 가난 때문에 27세에 죽었다. 두 사람 모두 수학사에서 영원 불변의 지위를 확보하기에 충분한 훌륭한 수학을 남겼다. 충분히 오랫동안 살았던 수학자조차도 매우 어렸을 때 최고의 업적을 거두었다는 사실을 종종 발견할 수 있다. 살아 있었을 때와 오늘날에도 '수학의 왕자'로 불리는 가우스(Carl Friedrich Gauss, 1777-1855)는 78세에 죽었지만, 그의 걸작으로 통상 간주되는 **수론 연구**(Disquisitiones Arithmeticae)는 18세와 21세 사이에 저술한 책이다. 죽었을 때의 갈루아와 아벨보다 그리고 **수론 연구**를 썼을 때의 가우스보다, 어느 날 디오판토스의 **산학**을 집어들었을 때의 페르마는 더 늙었었다. 그리고 그는 수가 매우 흥미롭다는 사실을 그 때 처음으로 어렴풋이 알게 되었다.

    페르마는 수를 철저하게 꿰뚫어 본 최초의 사람이었다고 전해진다. 그는 법률가였으며, 분명히 아마추어 이상은 결코 아니었다. 그럼에도 불구하고 쿨리지(J.L. Coolidge)의 책 **수학의 위대한 아마추어들**(Great Amateurs in Mathematics)에서 빠졌다. 왜냐하면 쿨리지가 설명한 대로, "그는 진정으로 대단히 위대하기 때문에, 전문가로 간주되어야 한다."라고 말할 수밖에 없기 때문이다.

그 부지런한 법률가는 여가 시간을 틈타서 디오판토스의 고대 문제들을 연구했다. 그 문제들은 통상 단 한 개의 해를 요구했지만, 페르마는 거의 언제나 정리를 발견했고 종종 가능한 모든 해를 결정하는 방법을 찾아냈다. 그는 때때로 그런 문제에서 그 전에 누구도 생각해내지 못했던 수 사이의 심오한 관계를 설명하는 일반적인 정리를 발견했다.

수학자로서 페르마는 하나의 특이한 성격을 갖고 있었다. 그는 친구들에게 편지를 통해서 정리를 알려주거나 디오판토스의 책 가장자리에 기록을 남겼지만, 대부분의 경우 결코 증명을 발표하지는 않았다. 증명을 발표하지 않았던 특별한 이유가 있을 것으로 보이지는 않는다. 아마도 대부분의 수학자와 같이, 자신이 증명하려고 시도했던 것보다 증명한 내용이 덜 흥미롭다고 생각했을 것이다.

산학 제 2 권의 문제 8 과 관련해서, 그는 책의 가장자리에 특유의 기록을 남겼다. 그 기록에 대한 언급으로, 만약 **산학**의 가장자리가 좀더 넓었다면 수학사는 매우 달라졌을 것이라는 말이 생기게 되었다. 이미 말한 대로, 문제 8 은 **주어진 제곱수를 두 개의 제곱수로 나누기**이다. 페르마는 제곱수를 매우 흥미롭게 생각했지만, 고차의 거듭제곱수에도 관심을 가졌다. 제곱수에 관한 이 문제에서 그는 모든 거듭제곱수를 포함하는 훨씬 더 일반적인 문제를 발견했다.

그는 문제 8의 옆에 다음과 같이 썼다. "반면에, 세제곱수를 두 개의 세제곱수로 분해하거나 네제곱수를 두 개의 네제곱수로 분해하기는 불가능하며, 제곱수를 제외하면 일반적으로 그 이상의 거듭제곱수를 그와 같은 차수의 두 개의 거듭제곱수로 분해하기는 불가능하다. 나는 이에 대한 진정으로 놀라운 증명을 발견했지만, 이 가장자리는 그것을 포함하기에 충분히 넓지 못하다."

(이것은 n이 2보다 클 때 방정식 $a^n+b^n=c^n$이 자연수 해를 가질 수 없다는 말과 같다.)

페르마가 소유했던 **산학**에는 전혀 설명되지 않은 증명에 대한 이런 언급이 많이 포함되어 있다. 만약 페르마가 그렇게 열광적으로 주장한 정리의 증명을 친구들에게 결코 제시하지 않은 것이 신기하다면, 그 친구들이 그런 증명에 대해 결코 물어보지 않은 것은 더욱 신기하다. 페르마가 아닌 다른 사람이 그렇게 했다면, 그 정리는 아마도 미래의 수학자에 의해 무시되고 말았을 것이다. 증명 없는 정리는 진정한 수학이 아니다. 그러나 페르마는 역사상 가장 통찰력 있는 수학자 중 한 사람이었을 뿐만 아니라, 더할 나위 없이 완전 무결한 수학자였다. 위에서 언급한 정리 이외의 모든 경우에, 그가 증명했다고 주장한 정리에 대한 증명이 그 뒤에 (통상 훨씬 뒤에) 발견되었다. **페르마의 마지막 정리**라고 부르고 있는 바로 이 정리만이 아직도 증명되지 않고 있다.[5]

이것은 노력이 부족했기 때문이 아니다. 거의 모든 유명한 학술 단체는 이 정리의 증명에 대해 한 때 상을 제시했었다. 페르마 이후의 거의 모든 수학자는 이 정리의 증명을 찾으려고 시도했었다. 오직 가우스만이 시도하지 않았는데, 그는 어느 누구도 증명할 수도 없고 반증할 수도 없는 정리를 대단히 많이 제시할 수 있다고 통렬하게 지적했다.

어떤 사람이 페르마의 가설을 증명했다는 소문이 매우 자주 수학계에 돌았었다. (이것은 통상 정리라고 언급되지만, 증명되지 않았기 때문에 실제로는 정리가 아니다.) 1988년 일본의 한 수학자가 증명을 발견했다는 기사가 **뉴욕 타임스**(New York Times)에 실렸다. 그렇지만 앞선 모든 경우와 마찬가지로 그 주장은 뒤에 취소되었다.

이 정리의 특수한 경우는 많이 증명되었다. 150,000까지의 소수 n에 대해 이 정리가 성립한다는 사실은 명확하게 밝혀졌다. 다시 말하면, n이 3부터 150,000까지의 임의의 소수일 때 방정식 $a^n + b^n = c^n$은 자연수 해를 갖지 않는다. 이것은 2보다 큰 임의의 n에 대해서도 이 방정식이 자연수 해를 가질 수 없다는 페르마의 주장이 옳을 것이라

---

5. 현재 페르마의 마지막 정리가 증명되었다고 생각하고 있다. 자세한 내용은 수학 : 양식의 과학(K. Devlin 저, 허민·오혜영 역, 경문사)을 보라.

는 점을 암시한다. 그러나 이것은 단지 암시일 뿐이다.

 물론, 페르마가 이 정리에 대해 올바르게 말했는지는 더 이상 흥미로운 질문이 아니다. 오히려 그가 이 정리를 올바르게 증명했었는지가 흥미로운 질문이다. 그 뒤 3세기 동안 집중적인 노력을 기울였음에도 불구하고 어떠한 수학자도 증명하지 못한 이 정리를 17세기의 그가 증명할 수 있었을까?

 현재, 이 정리는 참일 것이라고 생각되고 있다. 그러나 페르마가 이 정리를 증명했다고 말했을 때, 그는 아마도 잘못 생각했었을 것이다. 수학적으로, 이것의 증명 여부는 더 이상의 큰 문제가 아니다. 이 정리는 이미 많은 공헌을 했다. 왜냐하면 페르마의 마지막 정리를 공격하는 데 언제나 실패한 것으로 판명났지만 현대 수학의 가장 가치 있는 많은 무기가 이 정리의 해결을 위해 고안되었기 때문이다.

 페르마는 제곱수에 관한 흥미로운 사실을 많이 증명했다. 수학적 아름다움에 대한 모든 논의에서 인용되는 유명한 **두 제곱 정리**(two square theorem)는 그가 증명 방법을 설명한 얼마 되지 않는 정리 중 하나이다. 그렇지만 이 정리에 대해서도 그는 구체적으로 증명하지 않았다. (5와 같이) $4n+1$ 꼴의 모든 소수는 두 제곱수의 합으로 표현할 수 있지만, (3과 같이) $4n-1$ 꼴의 모든 소수는 두 제곱수의 합으로 표현할 수 없다는 것이 그 정리 내용이다. 2보다 큰 모든 소수는 이런 두 가지 꼴 중 하나이므로, 이 정리는 소수에 대한 매우 심오한 명제이다. 이 정리를 증명하기 위해서, 페르마는 스스로 **무한 강하법**(method of infinite descent)이라고 불렀던 방법을 사용했다. 그는 두 제곱수의 합으로 표현할 수 없는 $4n+1$ 꼴의 소수가 존재한다는 가정에서 시작했다. 그리고 만약 그런 소수가 존재한다면, 두 제곱수의 합으로 표현할 수 없는 그보다 작은 소수가 반드시 존재한다는 사실을 증명했다. 그리고 이런 방법을 반복 적용해서 5에 이를 때까지 계속했다. 5는 두 제곱수의 합 (1^2+2^2)으로 표현되기 때문에, 원래의 가정은 명백히 거짓이다. 따라서 서술한 대로 그 정리는 참이다. (페르마로부터 이런 보조적인 결과를 얻었음에도 불구하고 두 제곱 정리는 그가 죽고 거의 백 년이 지난 뒤까지도 실제로는 증명되지 않았었다.)

공교롭게도, $4n+1$ 꼴의 소수는 직각 삼각형에 대한 고대의 문제와 흥미로운 관계를 갖고 있다. 페르마가 서술한 또 다른 정리는 다음과 같다. $4n+1$ **꼴의 소수는 단 하나의 직각 삼각형의 빗변이 될 수 있고, 이런 소수의 제곱은 두 개의 직각 삼각형의 빗변이 될 수 있으며, 이런 소수의 세제곱은 세 개의 직각 삼각형의 빗변이 될 수 있다. 이와 같이 계속된다.** 이 정리의 예로서, 5의 경우에 다음을 얻는다.

$$5^2 = 3^2 + 4^2,$$

$$25^2 = 15^2 + 20^2 = 7^2 + 24^2,$$
$$125^2 = 75^2 + 100^2 = 35^2 + 120^2 = 44^2 + 117^2$$

제곱수와 다른 수에 관한 그토록 많은 흥미로운 정리를 증명했던 페르마가 스스로 완전히 증명하지 못했던 정리로 유명해진 것은 신기하다. 여기에서 그는 갈릴레오를 상기시켜 준다. 갈릴레오는 흥미로운 사실을 많이 말했었지만, '그래도 (지구는) 움직이고 있다!'(Eppur is muove!)는 말로 가장 잘 알려져 있다. 그런데 이것은 의심할 바 없이 갈릴레오의 말이 아니다.

페르마와 갈릴레오는 1601년과 1642년 사이에 같이 살았었다. 페르마는 프랑스에서 법률가로서 비교적 평온한 나날을 바쁘게 보내고 있었다. 반면에, 갈릴레오는 이탈리아에서 고문의 협박에 시달리며 종교 재판에 불려나가서 자신의 심오한 과학적 신념을 취소하고 있었다. 그들은 서로 다른 인생을 살았다. 그러나 그들 이전과 이후의 다른 많은 사람과 같이, 두 사람은 모두 제곱수가 매우 흥미로운 수라는 사실을 발견했다.

어떤 과제

모든 수를 네 개의 4로 표현하려는 시도처럼 사람의 마음을 사로잡는 것은 없다. 모든 수를 표현하는 데 네 개의 4가 반드시 사용되어야 하지만, 다음 네 가지 예와 같이, 여러 가지 수학 기호를 사용할 수 있다.

$$1 = \frac{44}{44}, \qquad 2 = \frac{4 \times 4}{4+4}$$

$$3 = 4 - \left(\frac{4}{4}\right)^4, \qquad 4 = 4 + 4 - \sqrt{4} - \sqrt{4}$$

이제 네 개의 4를 사용해서 5부터 12까지의 수를 이와 유사한 방법으로 표현해 보자.

답

끝으로 가지 가능한 답들을 나열해보면 다음과 같다.

$$5 = 4 + \left(\frac{4}{4}\right)^4, \qquad 6 = \frac{4+4+4}{\sqrt{4}}, \qquad 7 = 4 + 4 - \frac{4}{4}$$

$$8 = 4 \times 4 - 4 - 4, \qquad 9 = 4 + 4 + \frac{4}{4}, \qquad 10 = \frac{44 - 4}{4}$$

$$11 = \frac{44}{\sqrt{4 \times 4}}, \qquad 12 = \frac{44 + 4}{4}$$

12에서 멈출 필요는 없다. 예를 들어 기호에 제한을 두지 않는다면 네 개의 4를 사용해서 수를 표현할 수 있기 때문이다.

5

　자연수에 관한 가장 흥미로운 사실은 자연수가 전혀 변하지 않지만 이들 사이의 관계를 통해 우리를 놀라게 할 수 있는 능력을 갖고 있다는 사실이다. 특별한 경우로 오각수가 있다. 오각수는 이름이 의미하는 대로 오각형 모양으로 배열될 수 있는 수이다.

　피타고라스 학파는 5의 형상에 특별한 애정을 느꼈다. 그들은 정오각형 안에 '세 번 교차하는 삼각형'을 작도했다. 이렇게 해서 얻은 다섯 점을 가진 별은 그 학파의 인식을 위한 기호였다. 그러나 그들이 큰 관심을 가졌던 무수히 많은 이른바 다각수 중에서 오각수들은 한 무리에 불과했다. 다각수는 삼각형으로서의 3에서 시작해서 정사각형으로서의 4, 오각형으로서의 5와 같이 진행하며 모든 자연수에 대해 한없이 계속된다. 그리스 사람들은 "3에서 시작해서 모든 수는 그것이 가지고 있는 단위만큼 많은 각이 있다."
라는 근본적으로 억지이지만 자명한 관계를 발견했다.

그리고 그들은 각각의 첫째 다각형에 단위들의 행을 첨가해서 원래의 다각형과 변의 개수가 같은 좀더 큰 다각형을 얻을 수 있다는 사실을 발견했다. 행을 차례로 첨가하면 진행하는 과정에서 1은 그런 과정이 시작되는 점이었기 때문에, 1을 각 무리의 첫째 다각형으로 간주했다.

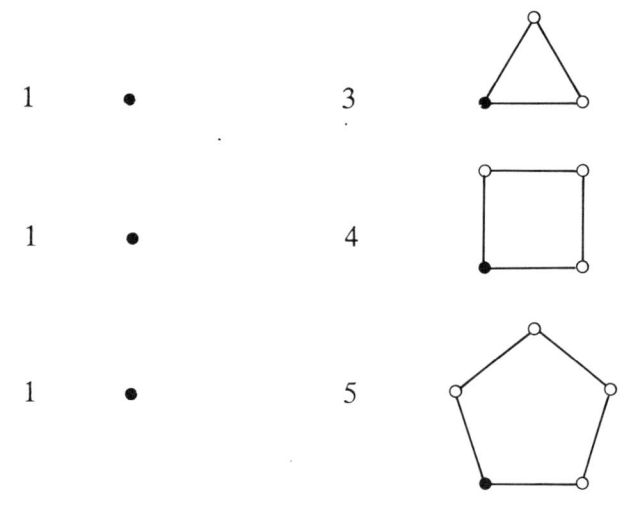

예를 들면, 5의 경우에 연속적인 오각형은 한 점으로부터 형성되었다.

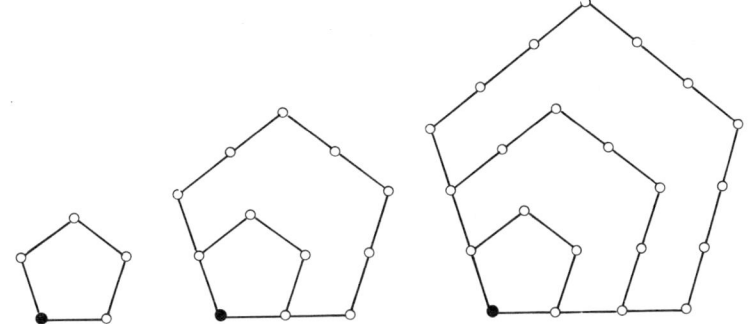

5는 오각형에 있는 각의 개수와 같은 단위를 갖고 있기 때문에 오각수의 원형이지만, 1은 언제나 오각수의 무리에서 첫째였다. 1과 5에 뒤이어 바로 나타나는 오각수는 다음과 같다.

12, 22, 35, 51, 70, 92, 117, 145, 176, 210, …

표준적인 수리 적성 시험은 위에 제시된 것과 같은 연속된 수들을 선택하는 원리를 알아내는 능력을 시험하기 때문에, 독자는 이 수열에 적당한 다음 수를 추가해서 더욱 연장하고 싶을 것이다. 다음 수는 공교롭게도 13째 오각수인데, 그 값을 찾는 여러 가지 방법이 있다.

첫째 방법은 1부터 시작해서 두 수씩을 건너뛰어 세 번째에 나타나는 모든 수를 13째 수까지 더하는 것이다. '4'에 관한 장에서 알아봤듯이, 제곱수는 1부터 시작해서 한 수씩을 건너뛰어 두 번째에 나타나는 연속된 모든 수의 합이다. 방금 알아본 대로, 오각수는 1부터 시작해서 두 수씩을 건너뛰어 세 번째에 나타나는 연속된 모든 수의 합이다. (육각수는 네 번째에 나타나는 수들의 합이며, 다른 다각수도 이렇게 얻을 수 있다.)

첫째 오각수＝1＝1,
둘째 오각수＝1＋4＝5,
셋째 오각수＝1＋4＋7＝12,
넷째 오각수＝1＋4＋7＋10＝22,
…
12째 오각수＝1＋4＋7＋10＋13＋16＋19＋
22＋25＋28＋31＋34＝210

13째 오각수(247)를 얻기 위해서는 37(＝34＋3)을 12째 오각수에 더하면 된다.

13째 오각수에 도달하는 둘째 방법은 좀더 직접적이지만, 임의의 다각수를 결정하는 일반적인 공식에 대한 지식을 필요로 한다. 수학적인 용어로, 임의의 다각수를 'n째 r각수'라고 말한다. 이 경우는 13째 오각수를 찾고 있다. 그러므로 다음 공식에서 n에 13을 대입하고 r에 5를 대입하면 된다.

$$P_n^r = \frac{n}{2}[2+(n-1)(r-2)] \text{ 또는 } n+(r-2)n\frac{(n-1)}{2}$$

13째 오각수＝$\frac{13}{2} \times 38$ 또는 $13+(3 \times 78)=247$

이런 수를 처음 본 많은 사람과 같이, 그리스 사람들은 다각수의 형성과 상호 관계를 매우 흥미롭게 생각했다. 전문 수학자는 임의의 차수의 임의의 다각수를 얻을 수 있는 위의 공식을 찾기만 하면, 이를 아마추어만이 흥미를 가질 수 있는 종류의 문제로 간주해서 깨끗이 잊어버리려는 경향이 있다. 그러나 페르마가 흥미롭게 생각했던 수를 시시한 것으로 간주해서 무시할 사람은 없을 것이다. 페르마는 자연수를 그리스 사람들과 같이 신선한 관심을 갖고 관찰했다. 그러나 그는 다각수 사이에 나타나는 표면적인 관계의 밑을 파고 들어가서 깊이 연구했으며, 존재할 것이라고는 꿈에도 생각하지 못했던 다각수와 모든 자연수 사이의 관계를 발견했다.

페르마는 디오판토스의 책 가장자리에 "모든 수는 삼각수이거나 두 개 또는 세 개의 삼각수의 합이다. 또, 모든 수는 제곱수(정사각수)이거나 둘, 셋, 또는 네 개의 제곱수의 합이다. 그리고 모든 수는 또한 오각수이거나 둘, 셋, 넷, 또는 다섯 개의 오각수의 합이다. 이와 같이 계속된다."라고 썼다.

이 정리의 묘미는 '모든 수'와 '이와 같이 계속된다'라는 말에 있다. 이것은 완전히 일반적이다. 이것은 모든 수와 모든 다각수에 관한 중요한 사실을 말하고 있는데, 이 사실은 결코 자명하지 않다. 우스펜스키(J.V. Uspensky)와 히슬렛(M.A. Heaslet)은 공저 **초등 수론**(Elementary Number

Theory)에서 다각수에 대한 그리스 사람들의 관심을 하찮은 것으로 간단히 처리했지만, 페르마의 이 정리에 대해서는 정중하게 "이것은 수에 관한 참으로 심오한 성질이다."라고 말했다.

모든 수가 다섯 개 이하의 오각수의 합으로 표현될 수 있다는 사실은 5의 형상을 한 수와 모든 자연수 사이의 예상하지 못했던 관계이다. 그렇지만 이것은 그 뒤에 발견된 사실에서 찾아볼 수 있는 놀라움의 속성을 결여하고 있다.

그 사실의 발견자는 페르마의 화려한 감각에 비추어봐도 결코 수학의 아마추어는 아니다. 오일러(Leonhard Euler, 1707-1783)는 역사상 완벽한 전문 수학자 중 한 사람이었으며, 누구와도 견줄 수 없을 정도로 엄청나게 많은 글을 남겼다. 76세 생애의 마지막 17년 동안 거의 눈먼 상태로 보냈다는 사실에도 불구하고, 그가 발견했던 것보다 더 조직적인 수학을 찾아보기는 대단히 어렵다.

오일러에 대한 진기한 사실 중 하나는, 그가 수학에서 대단히 독창적인 공헌이거나 단순히 바로잡기 위한 간단한 내용이더라도 할 필요가 있는 것은 무엇이고 했다는 사실이다. 오일러 시대에 필요했었고 우리가 특별히 흥미를 가진 하나의 사실은 분할(partition)의 연구로부터 나타났다. 오각수가 중요한 역할을 할 것이라고는 아무도 예상하지 못했던 바로 그 곳에서 오일러는 그것을 발견했다.

분할 이론에서는 수를 그것의 부분들의 합으로 표현할

수 있는 방법의 가짓수에 관심을 가진다. 분할은 (홀수 부분 또는 서로 다른 부분과 같이) 특수한 부분들로 제한할 수 있다. 그러나 가장 일반적으로 전혀 제한하지 않을 수 있다. 예를 들면, 수 5를 수 1, 2, 3, 4, 5의 합으로 표현할 수 있는 서로 다른 방법은 얼마나 많이 존재할까?

$$5,$$
$$4+1,$$
$$3+2,$$
$$3+1+1,$$
$$2+2+1,$$
$$2+1+1+1,$$
$$1+1+1+1+1$$

5에 대한 제한 없는 분할 방법의 가짓수는 7이다. 즉, $p(5)=7$이다.

분할 이론에서 일반적인 문제는 각 자연수에 대해 가능한 분할 방법의 가짓수를 결정하는 것이다. 이 과제는 결코 단순하지 않다. 왜냐하면 분할 방법의 가짓수는 분할하려는 수와 일정한 관계를 전혀 갖고 있지 않기 때문이다. 1은 단 한 가지, 2는 두 가지, 3은 세 가지로 분할할 수 있지만, 3 다음의 수에 대해서는 더 이상 일대일 관계가 성립하지 않는다. 4의 분할 방법은 다섯 가지이고, 이미 알아봤듯이 5에 대해서는 일곱 가지가 있다. 독자는 6을 분할하는 방법의 가짓수를 추측하는 데 흥미를 가질 것이다. 실제로 계산하지 않는다면, 아마도 거의 확실하게 잘못된 답에 이를 것이다.[1]

만약 어떤 수와 그것의 분할 방법의 가짓수 사이에 분명한 관계가 없다면, 실제로 계산하지 않고 특별한 수의 분할을 어떻게 결정할 수 있을까? 곱셈이나 나눗셈 또는 이 두 가지를 모두 사용해서 찾고자 하는 답을 자동적으로 만들어내는 수들의 어떤 조합이 있다면 유용할 것이다. **한없이 답을 만들어내는 방법을 찾아보자.** 우리는 무수히 많은 각 수와 모든 수에 대한 분할 방법의 가짓수를 원한다!

오일러가 분할 이론에 공헌한 것이 바로 이런 **생성 함수**(generating function)였다. 그는 이것을 발견하면서 모든 자연수의 제한 없는 분할과 오각수 사이의 매우 놀라운 관계도 또한 발견했다.

$p(n)$에 대한 오일러의 생성 함수는 다음과 같이 거듭제곱 급수의 역이다.

$$\frac{1}{(1-x)(1-x^2)(1-x^3)(1-x^4)(1-x^5)\cdots}$$

모든 분수 표현과 같이, 이 식은 나눗셈이 시행되어야 함을 지적한다. 그런데 이 나눗셈에는 매우 기묘한 현상이 존재한다. 분모를 완전히 곱하지 않고도 나눗셈을 시작해야

---

1. $p(6) = 11$

한다! $(1-x^5)$ 뒤의 세 개의 점은 똑같은 방법으로 계속해서 곱해야 한다는 사실을 지시한다. $(1-x^5)$에 $(1-x^6)$을 곱하고 또 $(1-x^7)$을 곱하며 이렇게 계속 곱하기 위해서, 매번 x의 지수를 1씩 증가시켜야 한다. 곱해야 할 항은 결코 끝나지 않으며, 이것으로부터 얻은 곱은 결코 끝나지 않는다. 점점 더 많이 곱해갈수록, 이것은 점점 더 안정되어 갈 것이다. 그러나 모든 것을 곱할 수는 없다. 이것이 바로 **무한 곱**(infinite product)이라고 부르는 것이다.

이 무한 곱으로 1을 나누면, 답으로서 무한 몫(infinite quotient)을 얻을 것이다. 당연히 그래야만 한다. 왜냐하면 $p(n)$에 대한 생성 함수는 정의에 따라서 결코 생성을 멈출 수 없기 때문이다. 이것은 한없이 이어지는 자연수 각각에 대한 분할 방법의 가짓수를 알려주어야 한다.

분명히, $p(n)$에 대한 이 생성 함수는 유한 수들의 곱셈과 나눗셈에 익숙한 모든 사람에게 이상야릇한 종류의 것이다. 무한 곱을 주는 곱셈은 대단히 이상하게 보인다. 그러나 무한 몫을 주는 나눗셈은 더욱 이상하게 보인다.

편의를 위해, $(1-x)$에 $(1-x^2)$을 곱함으로써 시작하자. 원하는 답의 처음 몇 항은 곱셈을 계속해서 시행해도 더 이상 변하지 않는다는 사실을 짧은 시간 안에 알아볼 수 있도록 이 곱셈의 초기 부분을 완전히 계산해 놓았다. 이로부터 알 수 있듯이, 처음 항들은 변하지 않고 안정된다. 그래서 1을 나누기 시작하는 데 이를 사용할 수 있다.

$$
\begin{array}{l}
1-x \\
1-x^2 \\
\hline
1-x-x^2+x^3 \\
1-x^3 \\
\hline
1-x-x^2+x^3 \\
\quad\quad\quad\quad -x^3+x^4+x^5-x^6 \\
\hline
1-x-x^2\quad\quad +x^4+x^5-x^6 \\
1-x^4 \\
\hline
1-x-x^2\quad\quad +x^4+x^5-x^6 \\
\quad\quad\quad\quad\quad -x^4+x^5+x^6\quad\quad -x^8-x^9+x^{10} \\
\hline
1-x-x^2\quad\quad\quad\quad +2x^5\quad\quad\quad -x^8-x^9+x^{10} \\
1-x^5 \\
\hline
1-x-x^2\quad\quad\quad\quad +2x^5\quad\quad\quad -x^8-x^9+x^{10} \\
\quad\quad\quad\quad\quad -x^5+x^6+x^7\quad\quad\quad -2x^{10}\cdots \\
\hline
1-x-x^2\quad\quad +x^5+x^6+x^7-x^8-x^9-x^{10}\ \cdots \\
1-x^6 \\
\hline
1-x-x^2\quad\quad +x^5+x^6+x^7-x^8-x^9-x^{10}\cdots \\
\quad\quad\quad\quad\quad -x^6+x^7+x^8\quad\quad\quad\quad -x^{11}-x^{12} \\
\hline
1-x-x^2\quad\quad +x^5\quad +2x^7\quad\quad -x^9-x^{10}-x^{11}-x^{12}\cdots \\
1-x^7 \\
\hline
1-x-x^2\quad\quad +x^5\quad +2x^7\quad\quad -x^9-x^{10}-x^{11}-x^{12}\cdots \\
\quad\quad\quad\quad\quad\quad -x^7+x^8+x^9\quad\quad\quad\quad -x^{12} \\
\hline
1-x-x^2\quad\quad +x^5\quad +x^7+x^8\quad\quad -x^{10}-x^{11}-2x^{12}\cdots \\
1-x^8 \\
\hline
\cdots
\end{array}
$$

이렇게 안정된 항들의 처음 부분은 다음과 같다.

$$1-x^1-x^2+x^5+x^7-x^{12}-x^{15}+x^{22}+x^{26}\cdots$$

위의 곱에서 남아 있는 항의 x에 1을 대입하고 사라져 버린 항의 x에는 0을 대입해서 나눗수의 초기 부분을 표현하면 다음과 같이 기묘한 모습을 얻는다.

$$1-1-1+0+0+1+0+1+0+0+0+0-1+0\cdots$$

이제, 1을 나눌 준비를 끝마쳤다.

$$
\begin{array}{r}
1+1+2+3+5+7+11\ldots \\
1-1-1+0+0+1+0\ldots\overline{\smash{\big)}\,1+0+0+0+0+0+0\ldots} \\
\underline{1-1-1+0+0+1+0\ldots} \\
+1+1+0+0-1+0\ldots \\
\underline{1-1-1+0+0+1\ldots} \\
+2+1+0-1-1\ldots \\
\underline{2-2-2+0+0\ldots} \\
+3+2-1-1\ldots \\
\underline{3-3-3+0\ldots} \\
+5+2-1\ldots \\
\underline{5-5-5\ldots} \\
+7+4\ldots \\
\underline{7-7\ldots} \\
+11\ldots.
\end{array}
$$

위에 제시한 나눗셈의 일부로부터, 독자는 답에 나타나는 수들이 이상할 정도로 친숙하다는 점을 관찰할 것이다. 이 수들은 실제로 친숙한데, 이것들이 차례로 처음 몇 개의 자연수에 대한 제한 없는 분할 방법의 가짓수이기 때문이다.

$$p(0) = 1,$$
$$p(1) = 1,$$
$$p(2) = 2,$$
$$p(3) = 3,$$
$$p(4) = 5,$$
$$p(5) = 7,$$
$$p(6) = 11,$$
$$\ldots$$

이런 방법으로 1을 계속해서 나누면, $p(n)$의 연속적인 값을 구할 수 있다. 이것은 비교적 작은 200과 같은 수에 대한 제한 없는 분할 방법의 가짓수가 3,972,999,029,388이라는 사실도 알려줄 것이다.

이런 산술에서, 5의 형상으로 배열할 수 있는 하찮은 수들을 발견할 수 있을 것이라고 기대할 아무런 이유도 없다. 그러나 무한 곱에서 확실하게 안정되는 처음 몇 항을 조사해보면, 다음과 같다.

$$1 - x^1 - x^2 + x^5 + x^7 - x^{12} - x^{15} + x^{22} + x^{26} \cdots$$

이제, 또 다른 작은 계산을 해보자. 오각수에 대한 공식은 다음과 같다.

$$P_n^5 = \frac{3n^2 - n}{2}$$

현재까지 n의 값이 0 또는 자연수인 경우에 이 공식이 생성하는 오각수만을 고려했다.

$n = +1$ 일 때 1,
$n = +2$ 일 때 5,
$n = +3$ 일 때 12,
$n = +4$ 일 때 22,
…

그러나 똑같은 공식은 n의 음수 값에 대해서도 또한 오각수를 생성한다.

$n=-1$일 때 2,
$n=-2$일 때 7,
$n=-3$일 때 15,
$n=-4$일 때 26,
…

이제, 무한 곱에서 안정된 처음 몇 항을 다시 검토하면, 남아 있는 항의 x의 지수는 n의 음수와 양수 값에 대해 이 공식이 생성하는 오각수라는 사실을 발견하게 된다.

이것은 오일러 또는 어느 누구도 생각해내지 못한 관계이다. 오각수가 $p(n)$에 대한 생성 함수에서 이렇게 나타나는 이유는 신기하지만 명확하게 설명되지 않는다. 그렇지만 그리스 사람들이 그 진가를 인정했을 만한 발견이다. 왜냐하면 그리스 사람들은 종종 매우 사소하고 자명한 수 구성의 일면에 현혹되기도 했지만 그럼에도 불구하고 수들을 그것들 사이의 관계를 통해 놀라움으로 가득 찬 매혹적인 복합체로 인식한 최초의 사람들이었기 때문이다.

또 다른 놀라움

스스로 수 사이의 흥미로운 관계를 발견하면, 비록 그와 똑같은 관계를 다른 사람이 이미 발견했더라도 매우 만족스러운 일이다. 이번 장에서 얻은 무한 곱의 처음 부분을 제곱하면, 그 결과에서 흥미로운 사실을 결코 발견할 수 없을 것이다. 그러나 그것을 세제곱하면, 놀랍고도 흥미로운 양식을 발견할 것이다. 이를 처음 발견한 사람은 매우 뛰어난 수학자인 야코비(C.G.J. Jacobi, 1804-1851)였다.

$$1-x^1-x^2+x^5+x^7-x^{12}-x^{15}$$

에

$$1-x^1-x^2+x^5+x^7-x^{12}-x^{15}$$

을 곱하고, 또다시

$$1-x^1-x^2+x^5+x^7-x^{12}-x^{15}$$

을 곱하면, 무엇을 얻는가?

답

$1-3x+5x^3-7x^6+9x^{10}\cdots$인데, 이 경우에 멱이 있는 항의 계수가 홀수이며 차례로 양수와 음수가 되고 지수가 삼각수임을 발견하게 된다.

6

6은 최초의 **완전수**(perfect number)이다.

그리스 사람들은 6이 자신을 제외한 약수 전체의 합과 같기 때문에 이 수를 완전수라고 불렀다. 자신을 제외한 6의 약수는 1, 2, 3이고, 6=1+2+3이다.[1]

로마 사람들은 6을 사랑의 여신의 수라고 여겼는데, 6이 서로 다른 성(性)의 곱으로 이루어지기 때문이었다. 즉, 3은 홀수이기 때문에 남성의 수이고 2는 짝수이기 때문에 여성의 수이다. 고대 히브리 사람들은 신이 세상을 창조할 때 하루가 아닌 6일을 선택한 이유를 6이 더 완전한 수이기 때문이라고 설명했다.

---

1. 피타고라스 학파는 10을 '완전수'라고 불렀다. 10이 완전수가 되는 이유는 6이 완전수가 되는 것과 다르지만, 10은 그들에게 모든 기하학적 형태를 포함하는 특별한 매력을 주었다. 10은 1(점), 2(선), 3(평면), 4(공간)의 합이다.

그리스 시대 이래 완전수는 수학자뿐만 아니라 일반인의 관심도 끌어왔다. 그러나 2000년이 넘도록 수학자들은 완전수의 조건을 만족시키는 수를 6부터 시작해서 겨우 11개만을 더 발견했을 뿐이다. 20세기의 후반기가 시작되는 1951년, 컴퓨터 이론 발달의 뛰어난 개척자이자 초기 컴퓨터의 설계와 제작 및 프로그램에도 일조했던 튜링(Alan Turing, 1912-1954)은 당시 '거대한 두뇌'(giant brain)라고 종종 불렸던 새로운 기계를 이용해서 또 다른 완전수를 찾으려고 시도했다. 그는 성공하지 못했지만, 다음 해 캘리포니아 대학 교수인 로빈슨(Raphael M. Robinson)은 그 대학교 로스앤젤레스 분교의 수치 해석학 연구소(Institute for Numerical Analysis)에 있는 컴퓨터를 사용해서 75년 만에 최초로 새로운 완전수를 발견했고, 다음 몇 달 동안 네 개의 완전수를 더 발견해서 전체적으로 17개의 완전수를 갖게 되었다.

이 발견은 언론 매체의 관심을 끌지는 못했다. 완전수는 폭탄의 제조에는 쓸모가 없다. 사실, 완전수는 전혀 쓸모가 없다. 완전수는 단지 흥미로울 뿐이며, 이에 대한 이야기는 재미있을 뿐이다.

수학에서 대부분의 이야기와 같이, 이것도 그리스 사람들로부터 시작되는데, 그들은 6(=1+2+3)과 28(=1+2+4+7+14)이 자신을 제외한 약수 전체의 합이라는 사실을 발견하고는 이런 성질을 가진 수가 얼마나 많이 존재하는지에 호기심을 가졌다. 6과 28 사이의 기본적인 유사점은 이것들을 대수적으로 표현할 때 명백해진다. 이것들은 $2^{n-1}(2^n-1)$ 꼴로 표현된다. 즉, 다음과 같다.

$$6 = 2^1(2^2-1) = 2 \times 3,$$
$$28 = 2^2(2^3-1) = 4 \times 7$$

2000년 이전에 유클리드는 이런 꼴의 모든 수는 2^n-1이 1과 자신으로만 나누어 떨어질 때, 즉 소수일 때 완전수가 된다는 사실을 증명했다. (2^n-1이 소수가 되기 위해서는 n도 반드시 소수여야 한다.) 이 사실에 비추어 볼 때, 6의 경우에 이 수를 형성하는 소수는 3 또는 2^2-1이고, 28의 경우에는 7 또는 2^3-1이다. 그렇지만 유클리드는 모든 완전수가 이런 꼴의 수라고는 증명하지 않았고, 이 문제를 미래의 수학자들에게 남겼다.

얼마나 많은 완전수가 존재하는가?

그 뒤 수세기 동안, 수는 수학적인 중요성보다 윤리적인 중요성을 얻은 것으로 보인다. 딕슨(L.E. Dickson)은 수론의 역사에 관한 책에서, 수들이 서기 1세기에 세 가지로 분리되었다고 기록하고 있다. 즉, 12와 같이 자신을 제외한 약수 전체의 합이 자신보다 큰 수인 **과잉수**(abundant number)와 8과 같이 자신을 제외한 약수 전체의 합이 자신보다 작은 수인 **결핍수**(deficient number) 및 **완전수**로 분리되었으며, 이 세 가지 형태의 수에 대한 도덕적인 연관성이

주의 깊게 분석되었다. 8세기에 인류의 두 번째 기원이 결핍수인 8로부터 유래했다는 사실이 지적되었다. 노아의 방주에는 전 인류를 탄생시킨 여덟 명의 사람이 타고 있었기 때문에, 완전수 6에 따라 이루어진 첫번째 기원보다 두 번째 기원이 덜 완전하다는 것이었다. 12세기에 완전수에 대한 연구는 '영혼의 구제'(Healing of Souls)를 위한 처방으로 권장되었다.

그렇지만 어느 누구도 유클리드의 질문에 답하지 못하였다.

사실, 이 수학 과제를 깊이 연구하려는 사람이 없었던 것으로 보인다. 적어도 1세기 초까지 6, 28, 496, 8,128 등 네 개의 완전수가 알려졌었다. 예수가 태어나기 300년 전에 이미 완전수에 관한 기본적인 정리가 유클리드에 의해서 발표되었다. 그렇지만 이 과제에 대한 온갖 노력에도 불구하고, 다섯째 완전수 33,550,336이 탄생하기까지는 14세기가 더 흘렀다.

컴퓨터 시대의 시각으로 바라볼 때, 현재까지 발견된 가장 큰 완전수보다도 훨씬 작은 완전수의 발견도 언제나 상당히 많은 양의 계산을 수반한다는 사실을 잊을 수 있다. 특수한 경우로서 이 다섯째 완전수를 살펴보자. 이 경우로부터, 이것이 완전수라는 발견 뒤에 깔려 있는 계산의 양이 얼마나 되는지를 약간 알아볼 수 있을 것이다.

유클리드의 공식에 따라 33,550,336에 대한 표현 2^{13-1}

$(2^{13}-1)$이 완전수임을 밝히기 위해서는 $2^{13}-1$이 소수임을 증명해야 한다. 먼저, $2^{13}-1$로 표현되는 수를 계산해야 한다. 13개의 2의 곱은 8,192이고, 이 수에서 1을 빼면 8,191, 즉 $2^{13}-1$을 얻는다.

　8,191이 소수임을 확인하기 위해, 8,191의 제곱근보다 작거나 같은 모든 소수로 이 수를 나누어봐야 한다. 8,191의 제곱근은 90과 91 사이의 수이다. 90보다 작은 소수는 24개 있다. 이들 중 어느 것도 8,191을 나누어 떨어뜨릴 수 없음을 확인한 뒤에야 이 수가 소수라고 말할 수 있다. 이런 작업을 위해서는 소수의 정확한 목록이 필요하고, 각 단계에서 정확한 계산이 필요하다. 산술 표기를 위한 실용적인 체계가 확립되지 않았던 당시에 이런 계산이 이루어졌다는 사실을 상기하면, 다섯째 완전수가 정확하게 발견되기까지 그렇게 오랜 세월이 걸린 이유를 이상하게 생각하지 않을 것이다. 8,191이 실제로 소수임이 확인된 뒤에, 이 수에 4,096(즉 2^{12})을 곱해서 33,550,336을 얻을 수 있다.

　여유 시간이 있는 독자는 다음 완전수가 될 가능성이 있는 수 $2^{17-1}(2^{17}-1)$을 계산하는 데 흥미를 느낄 것이다.

　넷째 이후의 완전수들은 대단히 크고 또 계산 과정에서 실수를 저지를 가능성이 매우 크기 때문에, 대단히 많은 불완전한 수가 완전수라고 자주 발표되었었다.

　또, 발견된 완전수로부터 새로운 완전수를 추측하려는 경향도 있었다. 처음 네 개의 완전수 6, 28, 496, 8,128에 근거해서 두 가지 추측이 널리 받아들여졌다. 하나는 완전수가 교대로 6과 8로 끝난다는 추측이었다. 공교롭게도, 완전수는 6 또는 8로 끝나지만, 결코 교대로 끝나지 않으며 어떤 식별 가능한 양식에 따르지도 않는다. 이 가설은 여섯째 완전수 8,589,869,056의 발견으로 파기되었는데, 가설에 따르면 이 수는 8로 끝나야 하지만 6으로 끝나기 때문이다. 다른 추측은 첫째 완전수 6은 한 자리, 둘째 28은 두 자리, 셋째 496은 세 자리, 넷째 8,128은 네 자리의 수와 같이 완전수가 규칙적인 형태로 나타난다는 것이었다. 다섯 자리, 여섯 자리, 일곱 자리의 수를 건너 뛴 다섯째 완전수의 발견으로 이 가설도 파기되었다.

완전수를 찾는 작업에서, 다른 모든 추측과 마찬가지로 어떠한 추측도 나타날 수 있다. 어떤 추측이 잘못되었다는 사실은 그것을 비공식적으로 기록하지 않는다. 유클리드가 제시한 형태의 완전수의 형성에 필요한 $2^n - 1$ 꼴의 특수한 소수들은 잘못 추측했던 사람의 이름을 항상 지니고 있다.

메르센(Marin Mersenne, 1588-1648)은 수도사였는데, 수학적 중요성을 가진 그의 가장 훌륭한 주장은 그가 페르마와 데카르트의 총애받는 서신 왕래자였다는 사실 때문에 살아 남았다. 그가 어떤 주장을 펴고 그의 이름이 완전수와 영원한 관계를 맺게 된 것은 1644년이었다. 다섯째 완전수를 얻기 위해 필요한 소수마저 거대한 수였기 때문에, 완전수는 식 $2^n - 1$에 나타나는 n의 소수 값으로 표현하는 것이

피할 수 없게 되었다. 이 방법에 의해, 이미 알려진 다섯 개의 완전수는 2(6을 형성하기 위해 필요한 소수인 2^2-1에 나타나는 지수), 3, 5, 7, 13 등으로 각각 표기되었다. 그리고 메르센은 257까지의 이런 소수 지수는 단 여섯 개 더 존재한다고 발표했다. 그는 그것들이 17, 19, 31, 67, 127, 257 등이라고 나열했다. 그가 주장한 가장 큰 소수($2^{257}-1$) 는 다음과 같다.

231584, 178474, 632390, 847141, 970017, 375815, 706539, 969331, 281128, 078915, 168015, 826259, 279871

　신부 메르센이 소수라고 주장했던 모든 수가 실제로 소수라는 사실을 그 스스로 판정할 수 없었다고 모든 수학자는 분명히 생각했다. 그러나 누구도 그렇게 할 수는 없었다. 당시 어떤 사람은 메르센 주장의 근거는 그의 비상한 천재성에서 찾아야 하며, 그의 재능은 그가 증명할 수 있는 것보다 더 많은 진실을 인식할 수 있을 것이라는 희망적인 제안을 했다.
　메르센이 이런 '소수'를 발표할 당시의 유일한 소수 판정법은 판정하려는 수의 제곱근보다 작은 모든 소수로 그것을 실제로 나누어 보는 이미 언급했던 방법뿐이었다. 이 방법은 대단히 긴 시간을 요구하기 때문에, 먼 훗날의 컴퓨터마저도 메르센 수 중 몇 개에 대해서는 이 방법을 사용해서 소수 판정을 할 수 없을 것이다. 그러나 이런 힘든 방법을 사용해서 수학자들은 여섯째, 일곱째, 여덟째 완전수를 찾아내기 위해서 메르센이 발표한 소수들을 조사했다. 여덟째 수 $2^{31}-1$은 수학에서 이루어져 할 필요가 있는 모든 것을 연구하는데 바빴던 오일러에 의해 조사되고 소수로 판정되었다.

어떤 수학 저술가는 오일러가 확인한 소수로 형성되는 완전수가 발견할 수 있는 완전수 중에서 거의 확실하게 마지막일 것이라고 다음과 같이 논평했다. "왜냐하면 [완전수는] 쓸모 없고 단지 호기심을 야기시키므로 어떠한 사람도 이것보다 큰 수를 찾아내려고 시도하지 않을 것이기 때문이다." 어떤 특별한 종류의 수가 유한인지 무한인지를 알아보려는 문제가 제기되었을 때, 수학자들이 보이는 호기심을 그는 제대로 판단하지 못했다.

유클리드 이래 완전수에 대한 문제에 가장 중요한 기여를 한 사람은 바로 오일러였다. 유클리드는 2^n-1이 소수일 때 $2^{n-1}(2^n-1)$ 꼴의 모든 수가 완전수라는 사실을 증명했지만, 모든 완전수가 이런 꼴이라고는 증명하지 않았다. 오일러는 짝수인 모든 완전수가 이런 꼴이라는 사실을 증명했다. 현재까지 홀수인 완전수는 발견되지 않았다. 그러나 홀수인 완전수가 존재하지 않는다고는 결코 증명되지 않았다.

오일러의 완전수는 100년 이상 동안 가장 큰 완전수로 남아 있었다. 그 뒤 1876년 루카스(Edouard Lucas)는 소인수 분해를 하지 않고 소수를 판정하는 '3'에 관한 장에서 이미 설명한 방법을 찾아냈다. 그는 이런 방법을 발표함과 동시에 $2^{127}-1$을 조사해서 이것이 소수임을 확인했다고 발표했다. 그는 1891년 **수론**(Théorie des Nombres)에서 자신의 생각을 바꿔 이 수가 여전히 '미정' 상태라고 말했지만, 1913년의 조사를 통해 이 수는 당시에 가장 큰 메르센 소수로 확인되었다.

　메르센 수를 판정하는 데 루카스의 대단히 효과적인 방법을 사용했음에도 불구하고, 수학자들은 다음 세기까지도 모든 메르센 수를 판정할 수 없었다. 마지막 수 $2^{257}-1$은 표준적인 계산기로 1년 이상의 작업을 요구했으며, 그 결과를 검사하는 데 또다시 1년이 더 걸렸다. 이것은 소수가 아니다. 이것은 메르센이 추측한 가장 큰 수였기 때문에, 드디어 그 수학자-수도사에 대한 마지막 성적을 매길 수 있게 되었다. 그는 당시에 이미 알려진 다섯 개의 완전수에 덧붙여 그 유명한 주장을 했었는데, 그는 네 개(17, 19, 31, 127)는 정확하고 두 개(67, 257)는 부정확하게 주장했으며 257 이하의 수 중 포함해야 했던 세 개(61, 89, 107)를 빠뜨렸다.

　20세기 후반기에 들어설 당시 열두 개의 완전수가 알려졌으며, 그 중에서 가장 큰 수 $2^{126}(2^{127}-1)$은 75년 전 루카스가 발견한 것이었다. 당시 메르센의 한계인 257을 넘어서려는 튜링(Turing)의 모험적인 시도가 있었지만 새로운 완전수를 발견하지는 못했다. 유클리드의 문제는 여전히 미해결 상태였다.

메르센 수의 장벽을 1952년에 무너뜨린 기계는 간단히 SWAC라고 부르는 National Bureau of Standards Western Automatic Computer였다. 이것은 당시에 가장 빠른 컴퓨터 중 하나였다.[2] 이 컴퓨터는 두 개의 열 자리의 수를 64 마이크로세컨드만에 더할 수 있었다. 1마이크로세컨드는 1초의 백만분의 1이므로, 인간이 이런 계산을 10초에 할 수 있다면 이는 SWAC가 인간보다 156,000배 이상 빨리 계산할 수 있음을 의미한다. 오늘날 이 수치는 대수롭지 않지만 1952년 당시에는 매우 놀랍게 받아들여졌다. 당시 남부 캘리포니아 팔로마(Palomar) 천문대에 있는 망원경이 인간의 시야를 넓혀준 것과 마찬가지로, SWAC는 인간의 계산 능력을 넓혀주었다.

그러나 SWAC는 수학자가 아니다. 이것의 속도와 정확도를 제외하면, 덧셈, 뺄셈, 곱셈, 나눗셈 등을 효율적으로 할 줄 아는 어떠한 사람보다도 이 기계는 열등했다. 왜냐하면 SWAC는 계산법을 알려주지 않으면 어떠한 계산도 할 수 없었기 때문이다.

로빈슨의 작업은 루카스의 소수 판정법을 SWAC이 응답할 수 있는 13가지 종류의 명령어로 작성된 프로그램으

---

2. 그 기관은 두 대의 컴퓨터를 소유했는데, 동부 해안의 SEAC와 서부 해안의 SWAC가 그것들이었다.

로 바꾸는 것이었다. 이 기계는 36비트의 수를 처리할 수 있도록 설계된 반면에 계산하려는 수는 2300비트를 필요로 했다는 사실 때문에, 그 작업은 까다로웠다. 이 기계의 총 기억 용량은 각각 한 가지 기호와 36비트로 이루어진 256개의 단어뿐이었다. 그래서 대략 2300비트의 수는 64개의 단어를 요구했다. 그런데 루카스의 소수 판정법으로 조사하기 위해서는 그 수를 다시 제곱시켜야 했다. 따라서 한 개의 수는 그 기계의 총 기억 용량의 반을 차지할 수도 있었다. 이는 10자리의 수를 처리하도록 설계된 탁상용 계산기에서 100자리의 수들을 곱하는 방법을 인간에게 설명하려고 시도하는 것과 매우 유사하다는 사실을 로빈슨은 알게 되었다.

프로그램은 전적으로 기계 언어로 작성되어야 했다. SWAC에게 루카스 방법으로 소수 판정하는 방법을 알려주기 위해서는 184개의 분리된 명령어가 필요했다. 그런데 똑같은 프로그램을 사용해서 2^3-1부터 $2^{2297}-1$까지의 모든 메르센 수를 판정할 수 있었다. $2^{2297}-1$은 이 기계에서 처리할 수 있는 가장 큰 수였다.

이 기계가 그 문제를 '풀' 수 있도록 하기 전에 해결해야 할 일이 더 있었다. 명령어를 부호화해야 했다. 이 작업은 표준적인 타자기의 자판에 있는 글자와 기호를 사용해서 이루어졌다. 예를 들면, 글자 'a'는 더하라는 명령어를 위한 부호였다. 부호화된 명령어는 구멍들의 배열이 되어 두

꺼운 종이 테이프로 옮겨졌다. 구멍들의 배열은 (테이프에 구멍이 뚫려 있으면) 전기 충격을 주고 (구멍이 없으면) 전기 충격을 주지 않는 방법으로 그 기계가 인식할 수 있도록 하였다.

이런 언어의 단순성은 당시 SWAC의 놀라운 계산 속도를 얻는 주요한 요인이었다. 이것이 다루는 거대한 수마저도 1(충격) 또는 0(비충격)만으로 표현되었다. SWAC는 계산을 위해 십진법이 아니라 '2'에 관한 장에서 설명한 이진법을 사용했다.

1952년 1월 30일 저녁, 24피트짜리의 테이프에 부호화하고 구멍으로 표현된 명령어들의 프로그램이 그 기계에 입력되었다. 테이프에 있는 모든 명령어를 SWAC가 실행하는 데 걸린 몇 초와 비교해서, 입력하는 데는 대단히 긴 시간인 몇 분이 걸렸다. 이제, 임의의 메르센 수의 소수 판정을 위해 필요한 것은 판정하려는 새로운 수의 지수를 입력하는 것이 전부였다. 그 기계는 나머지를 모두 할 수 있었으며, 소수이면 연속된 영으로 소수가 아니면 밑이 16인 숫자로 결과를 인쇄할 수 있었다. ('3'에 관한 장에서 설명한) 루카스 판정법에 의해 어떤 수로 어떤 수열의 해당하는 항을 나누었을 때 나머지가 없으면 그 수는 소수이므로, 그 수가 소수라는 증명은 연속된 영의 열로 표현될 것이다.

그 거대한 기계 앞의 책상에 앉은 SWAC 운전자는 조사하려는 첫째 수를 입력했다. 그는 너무 길 수 있는 이진법이 아니라 그 기계가 스스로 이진수로 바꿀 수 있는 16진법으로 그 수를 거꾸로 타이프했다. 다음에 그는 책상의 계기판 위에 있는 단추를 눌렀고, 기계는 입력된 184개의 지시에 따라서 첫째 수의 소수 여부를 조사하기 시작했다.

조사하려고 선택한 첫째 수는 $2^{257}-1$ 이었는데, 이 수는 메르센이 소수라고 주장했던 열한 개의 수 중 가장 큰 것이었다. SWAC에 의해 조사되기 20년 전에 레머(D.H. Lehmer)는 이 수를 조사해서 소수가 아니라고 발표했었다. 그는 이 조사를 위해 1년 동안 매일 두 시간씩 계산했었다. 공교롭게도 당시 수치 해석 연구소의 소장이었던 레머 자신도 그 날 저녁 그 방에서 자신이 700시간 이상의 힘든 작업을 거친 뒤에 얻었던 답을 그 기계가 1초도 안 되는 시간에 얻는 모습을 주시했다. $2^{257}-1$ 은 소수가 아니다.

그리고 SWAC는 이보다 더 크고 소수가 될 가능성이 있는 일련의 수들을 계속해서 조사했다. 400년 전 메르센은 15 또는 20자리의 소수를 실제로 확인하는 데 평생도 충분하지 못하다고 말했었다. 그러나 그는 루카스의 방법과 같은 지름길이나 SWAC와 같은 기계를 예견하지 못했다. 루카스의 방법에 따라서 SWAC는 42개의 수를 하나씩 하나씩 조사했다. 그런 수 중에서 가장 작은 것도 80자리 이상이었다. 어느 것도 소수로 판명되지 않았다.

그 날 밤 10시가 되어서야 오랫동안 기다렸던 연속된 영의 열이 기계로부터 출력되었다. 간단하게 $2^{521}-1$ 로 표현되는 이 때 조사된 수는 75년 만에 발견된 최초의 메르센 소수였다. 이 수로 형성되는 새로운 완전수 $2^{520}(2^{521}-1)$은 거의 26세기 만에 발견된 13째 완전수였다.

로빈슨의 프로그램이 최초의 시도에서 성공적으로 실행되었다는 사실도 또한 대단한 화제를 불러일으켰다. 왜냐하면 그는 이전에 컴퓨터 프로그램을 작성한 적이 전혀 없었으며 SWAC에 관해서는 최소한의 교육만을 받았기 때문이다.

"그 프로그램에 오류가 없었다는 것은 놀라운 성공이었다(그리고 아직까지도 그렇다)."라고 토드(John Todd)와 헤스틴스(Magnus R. Hestenes)는 최근에 출판된 그 수치해석 연구소의 역사책에 썼다.

1952년 1월 30일 밤 약 2시간 동안 $2^{521}-1$은 가장 큰 메르센 소수로서 그리고 가장 큰 소수로서의 명성을 유지했다. 그 뒤 자정이 되기 바로 직전에, 이것보다 큰 소수 $2^{607}-1$을 알려주는 연속된 영의 열이 또다시 나타났다. 그 다음 몇 달 동안 로빈슨의 프로그램은 전체적으로 다섯 개의 메르센 소수를 발견했다. 새로운 13째 메르센 소수를 판정하는 데 기계는 약 1분 정도 걸렸다. 이것은 한 사람이 1년 동안 걸려야 해결할 수 있는 작업량이다. 마지막이자 17째 메르센 소수를 판정하는 데 기계는 1시간이 걸렸다. 이것은 한 사람이 평생 동안 걸려야 해결할 수 있는 작업량이다. 약 30년 뒤에 로빈슨은 최초의 IBM PC에 자신의 프로그램을 작동시켰는데, 이것은 SWAC보다 두 배의 속도를 갖고 있다는 사실이 판명되었다.

   20세기의 후반기까지 발견된 메르센 소수의 개수는 (따라서 발견된 완전수의 개수는) 두 배 이상이 되었다. 이 글을 쓰고 있는 현재까지 31개의 메르센 소수가 알려지고 있다. 이것들이 발견된 연도와 이것들의 형성에 필요한 소수 지수 n을 아래에 나열했다. 이에 따라서 메르센 소수 2^n-1과 완전수 $2^{n-1}(2^n-1)$을 얻게 된다.

M_2	...
M_3	...
M_5	...
M_7	...
M_{13}	1461
M_{17}	1588
M_{19}	1588
M_{31}	1750
M_{61}	1883
M_{89}	1911
M_{107}	1913
M_{127}	1876
M_{521}	1952
M_{607}	1952

M_{1279}	1952
M_{2203}	1952
M_{2281}	1952
M_{3217}	1957
M_{4253}	1961
M_{4423}	1961
M_{9689}	1963
M_{9941}	1963
M_{11213}	1963
M_{19937}	1971
M_{21701}	1978
M_{23209}	1979
M_{44497}	1979
M_{86243}	1982
M_{110503}	1988
M_{132049}	1983
M_{216091}	1985

$n=150,000$ 이하의 가능한 모든 메르센 수가 조사되었다. 현재까지 발견된 가장 큰 완전수는 슬로빈스키(David Slowinski)가 1985년 9월 1일에 발견한다. $2^{216090}(2^{216091}-1)$ 이다. 가장 큰 수로 밝혀진 이 메르센 소수는 65,050자리의 수이고, 이로부터 얻을 수 있는 완전수는 130,100자리의

수이다. 그런데 유클리드가 아주 오래 전에 증명한 대로, 현재까지 발견된 30개의 다른 완전수와 마찬가지로 그리고 6=1+2+3이라고 확실히 알고 있는 사실과 마찬가지로 $2^{216090}(2^{216091}-1)$은 자신을 제외한 약수 전체의 합과 같다.[3]

그렇다면 얼마나 많은 완전수가 존재하는가? 완전수는 유한한가, 무한한가?

유클리드의 질문은 아직도 해결되지 않고 있다.

인기 있었던 옛 문제

완전수만큼 오래되지는 않았지만, 그래도 꽤 오래된 수로 **우호수**(amicable numbers)가 있다. 우호수는 쌍으로 이루어진 수로서, 각 수의 자신을 제외한 약수의 합이 짝을 이루는 다른 수와 같은 두 수를 의미한다. 오늘날 이런 수의 쌍이 많이 알려지고 있다. (오일러는 한 때 64쌍의 우호수를 발표했었는데, 그 중 두 쌍은 잘못된 것으로 판명되었다.) 그러나 고대 사람들은 완전한 조화의 상징이라고 생각했던 단 한 쌍의 우호수만을 알고 있었다. 그 쌍 중 한 수는 220이다. 독자는 이 쌍의 나머지 수를 결정하고 싶을 것이다.

---

[3]. 그 뒤 227,832자리의 메르센 소수 M_{756839}와 258,716자리의 메르센 소수 M_{859433}이 각각 1992년과 1994년에 슬로빈스키에 의해 발견되었다.

220의 자신을 제외한 약수는 1, 2, 4, 5, 10, 11, 20, 22, 44, 55, 110 등이며, 이것들의 합은 284이다. 그리고 284의 자신을 제외한 약수 전체의 합은 220이다.

7

수 7은 고대부터 처음 열 개의 수 가운데 특유한 수로 간주되었다. 이런 평판을 얻게 된 이유는 1을 제외하면 이 수가 다른 어떠한 수에 의해서도 생성되지 않고 다른 어떠한 수도 생성하지 않는 유일한 수이기 때문이다. 반면에 6, 8, 9, 10은 소수인 2, 3, 5에 의해 생성되고, 또 모두 단위 1에 의해 생성된다.

    어떤 고대 철학자는 "이런 이유 때문에 일부 철학자들은 이 수를 어머니가 없는 승리의 여신에 비유했으며, 전설에 따라 주피터의 머리에서 솟아났다는 순결의 여신에 비유하기도 했다. 그리고 피타고라스 학파는 이 수를 만물의 지배자에 비유했다."고 결론지었다.

    만약 그가 수비학자(數秘學者)가 아니라 수학자였다면, 7이 처음 열 개의 수 가운데 특유한 수라는 사실을 좀더 의미 있는 방법으로 지적했을 것이다. 예를 들면, 7은 한 자리의 수 중에서 2의 거듭제곱에 1을 더한 수와 같지 않은 유일한 소수이다. 2는 2^0+1이고 3은 2^1+1이며 5는 2^2+1이다. 그런데 7은 2의 거듭제곱에서 1을 뺀 수 2^3-1이다. **일곱** 개의 변을 가진 정다각형은 자와 컴퍼스만을 사용하는 전통적인 방법으로 작도할 수 없는 최초의 다각형이다.

수론에서 가장 흥미로운 이야기 중 하나는 표면상 전혀 관련이 없을 것으로 보이는 수 7에 대한 이런 두 가지 특성 사이에 존재하는 관계의 발견이었다. 이것은 수학에서 가장 위대한 몇 명의 수학자가 등장하는 이야기이다.

이 이야기의 기원을 알아보려면, 언제나 그렇듯이 그리스 시대까지 거슬러 올라가야 한다.

이미 지적했듯이, 그리스 사람들에게 수는 형상이기도 했다. 각 수는 '단위만큼 많은 각을 가진' 다각형으로 생각되었다. 즉, 3은 삼각형, 4는 사각형, 5는 오각형, 6은 육각형, 7은 칠각형 등과 같이 생각되었다. 수의 형상에 대한 이런 관심은 작도까지 확대되었다.

그리스 사람들은 기하학의 증명된 원리에 따라 자와 컴퍼스만으로 가능한 제한된 작도를 특히 좋아했다. 그들의 가장 유명한 작도 문제는 각의 삼등분,[1] 정육면체의 배적,[2]

---
1. 임의로 주어진 각을 삼등분하기.
2. 주어진 정육면체 부피의 두 배의 부피를 가진 정육면체를 작도하기.

원의 구적[3]이었다. 작도 도구가 자와 컴퍼스로 제한될 경우에 이런 모든 작도가 불가능하다는 사실이 현재 알려져 있다. 이런 제한이 없으면 이 모든 작도는 가능하다.

(이런 작도가 불가능하다고 이미 증명되었지만, 처음 기하학을 배우면서 피타고라스 정리의 증명을 배운 뒤에 이런 작도 문제 중 적어도 하나를 해결해서 수학에서 불후의 명성을 남기려고 노력해 보지 않은 사람은 거의 없을 것이다.)

자와 컴퍼스만으로 정다각형을 작도하는 문제에서, 작도 가능한 다각형과 작도 불가능한 다각형의 두 부류에는 약간의 차이점이 있다. 이런 작도 가능성에 대한 기준을 결정한 사람은 19세가 되기 전에 발견한 사실 때문에 수학에서 불후의 명성을 남기는 길을 인생의 목표로 선택했다. 그러나 이것은 그리스 시대보다 훨씬 뒤의 일이었다.

그리스 사람들은 (아무런 표시가 없는) 자와 컴퍼스를 사용해서 원의 지름에 대응하는 평각을 이등분해서 원 안에 정사각형을 작도했고, 이렇게 얻은 직각을 이등분해서 정팔각형을 작도했다. 이런 방법을 계속하면 2의 거듭제곱 개의 변을 가진 모든 정다각형을 작도할 수 있다는 사실은 분명하다. 그들은 삼각형과 오각형을 우회적인 방법으로 작도했는데, 먼저 육각형과 십각형을 작도한 다음에 한 쌍의 각을 연결해서 이것들을 얻었다. 그들이 육각형과 십각형의 각들을 이등분할 수 있었으며, 이런 방법으로 더 많은 다각

---
[3]. 주어진 원의 넓이를 가진 정육면체를 작도하기.

형을 작도할 수 있었다는 사실도 또한 분명하다.

그래서 작도 가능한 다각형의 문제는 소수 개의 변을 가진 정다각형의 작도 문제로 환원되었다. 그리스 사람들은 2, 3, 5를 작도했다. 그러나 그들은 7에서 중지하고 좌절했다. 작도 가능한 다각형이 더 존재할까? 만약 더 존재한다면, 그것들의 개수는 유한일까, 무한일까? 이런 문제는 이천 년 동안 미해결 상태로 남아 있었다. 그 당시 어느 누구도 자와 컴퍼스만으로 5보다 큰 소수 개의 변을 가진 정다각형을 작도할 수 없었다.

작도 가능한 다각형에 관한 드라마의 제1막은 기원전 그리스에서 발생했다. 제2막 제1장은 프랑스에서, 제2장은 러시아에서 발생했다. 당시 청중 중 어느 누구도 제2막이 제1막과 연결되어 있다고 생각하지 않았다. 이 드라마에서 주역은 페르마였는데, 그의 역할은 죽기에는 아까운 매우 위대한 수학자였다.

페르마는 작도 가능한 다각형이 아니라 언제나 소수가 된다고 믿었던 수의 특별한 형태에 관심이 있었다. 수론에서는 소수를 생성하는 공식에 대한 연구가 언제나 활발했었다. 이 주제에 대해 그럴듯한 추측을 한 사람은 페르마뿐이었다. 공교롭게도 그의 추측은 틀렸고, 그의 이름이 붙어 있는 수들은 그의 실수를 영원히 상기시키고 있다.

n이 2의 거듭제곱일 때, 2^n+1 꼴의 수는 예외 없이 소수라는 것이 그 위대한 수학자의 믿음이었다. 처음 몇 개

의 $2^{2^t}+1$ 꼴의 수는 다음과 같이 분명히 소수이다.

$$2^{2^0}+1=3,$$

$$2^{2^1}+1=5,$$

$$2^{2^2}+1=17$$

페르마 자신은 이런 꼴의 다음 두 수 257과 65,537을 조사해서 소수임을 밝혀냈다. 이런 수는 통상 대문자 'F'와 아래 첨자로 관련된 2의 지수를 사용해서 F_3과 F_4와 같이 표현된다. 그런데 F_5에 대한 조사는 페르마의 능력을 초월했다. F_5는 한 개의 대문자와 한 개의 한 자리 수로 간결하게 표현되지만, 다음과 같이 수십 억대의 수이다.

$$F_5=2^{2^5}+1=4,294,967,297$$

페르마는 F_5의 약수를 찾기 위해 많은 노력을 했다. (1640년 그는 "… 나는 확실한 증명을 통해 이렇게 큰 수의 약수가 존재하지 않는다는 사실을 밝혔다(… j'ai exclu si grande quantite dé diviseurs par démonstrations infaillables)."라고 썼다.) 그리고 그는 (수학자로서 "나는 그렇게 생각한다."라고는 결코 말하지 않았지만) 앞선 다른 다섯 개의 수와 같이 F_5는 소수이고, $2^{2^t}+1$ 꼴의 그 다음 모든 수도 소수라고 결론지었다. 이런 수는 **페르마 수**(Fermat number)라는 이름으로 영원히 불리고 있다.

　　어떤 특별한 꼴의 처음 다섯 수가 소수라는 사실을 그런 꼴의 모든 수가 소수라는 사실에 대한 증명으로 간주할 수 있다고 생각하는 사람도 있을 것이다. 특히, 여섯째 수가 수십 억대에 이르는 경우에는 더욱 그럴 것이다. 그러나 수학자는 아무리 많은 수에 대한 일관된 사실도 **모든** 수에 대해 결론을 내리는 데 충분하지 못하다고 생각한다.

　　(수학 이외의 과학에서 몇 가지 예는 가설에 대한 증명으로 종종 이용된다. 수학의 본질 때문에 완벽한 최종적인 판결로 가설을 증명하거나 반증하는 수학자들은 '모든 홀수는 소수라는 어떤 물리학자의 증명'이라고 불리는 비아냥거리는 우스갯소리를 즐긴다. 이 이야기에 따르면, 그 물리학자는 1이 자신과 1만으로 나누어 떨어지기 때문에 소수로 분류함으로써 시작한다. 다음에 3은 소수이고, 5도 소수이며, 7도 소수이다. 9는 3으로 나누어 떨어지는데, 아마도 이것은 단순한 예외일 것이다. 11은 소수이고, 13도 소수이다. 분명히 9를 제외한 모든 홀수는 소수이다.)

　　수학자의 명제는 반드시 증명되어야 한다. 페르마는 자신의 주장을 증명하기 위해서는 $2^{2^x}+1$ 꼴의 모든 수가 소수임을 증명해야 했다. 이 주장을 반증하기 위해서는 $2^{2^x}+1$ 꼴의 어떤 수가 자신과 1 이외의 다른 수로 나누어 떨어짐을 밝히면 충분했다.

　　이것이 바로 어떤 사람이 밝혔던 방법이지만, 페르마

자신이 F_5에 대해 언급한 '큰 수의 약수'에 관한 주장이 있고 난 뒤 거의 정확하게 100년이 지나고 나서야 이루어졌다. 그 어떤 사람은 바로 당시 상트 페테르부르크의 러시아 왕실에서 활동하던 위대한 수학자 오일러(Leonhard Euler)였다. 이미 언급했듯이, 오일러는 해결되지 않은 수학 문제를 방치할 사람이 아니었다. 페르마의 추측대로, $2^{2^t}+1$ 꼴의 수는 항상 소수일까? 이 문제에 대한 부정적인 답은 F_5의 약수를 찾음으로써 간단하게 증명될 수 있었다. 그리고 이것이 바로 오일러가 착수한 방법이었다.

그는 페르마 수의 소인수가 있다면 그것은 $2^{t+1}k+1$ 꼴의 소수라는 사실을 먼저 증명했다. F_5의 약수가 존재한다면, $2^{5+1}k+1$, 즉 $64k+1$ 꼴의 수여야 할 것이다. 그는 이 발견으로 F_5에 대한 소수 판정 문제를 대단히 간단하게 만들었다. 단지 $64k+1$ 꼴의 소수만을 시도해 보면 충분했다. 이런 꼴의 처음 몇 개의 수는 193, 257, 449, 577, 641이다. 공교롭게도, 641은 F_5, 즉 4,294,967,297을 깨끗이 나누어 떨어뜨렸다. 그래서 페르마가 틀렸음이 완전히 밝혀졌다. $2^{2^t}+1$ 꼴의 수는 언제나 소수가 되지는 않는다.

이에 따라 페르마 수들을 위한 드라마는 막을 내렸어야 했다. 그러나 그렇지 않았다. 이 수들은 소수 여부에 관계없이 여전히 흥미롭다. 2의 거듭제곱과 마찬가지로 이것들로 생성되는 페르마 수는 분명히 무한하다. 그런데 무수히 많은 자연수 중에서 두 개 이상의 페르마 수를 나누어 떨어뜨리는 수는 하나도 없다. 이것은 무한히 많은 페르마 수 각각이 다른 모든 페르마 수의 소인수가 아닌 다른 소인수를 가지고 있음을 의미한다.[4]

오일러가 페르마 수 전부는 소수가 될 수 없다는 사실을 밝혀 낸 뒤, 수학자들은 페르마 수 가운데에서 소수를 찾아내는 데 관심을 가졌다. 여기에는 여전히 해결해야 할 수학적으로 흥미로운 문제가 있었다. F_4 이후의 페르마 수 중에 소수가 있을까? 수학자들에게는 대단히 불행하게도, $2^{2^n}+1$ 꼴의 무수히 많은 수 중에서 처음 다섯 개만이 소수일까?

이 드라마의 제 3 막은 1801년 독일에서 어떤 작은 책의 출판과 함께 발생했다. 그리스 시대로부터 2000년 뒤, 그리고 페르마가 죽고 150년 뒤에 다섯 개의 페르마 수는 다시 무대에 등장했는데, 이번에는 놀랍게도 고대의 작도 가능한 다각형의 문제와 함께 등장했다.

그 책의 매우 젊은 저자 가우스(Carl Friedrich Gauss)는 이 드라마에 등장하는 다른 어떠한 사람보다 훨씬 월등한 수론의 대가였다. 가우스는 역사상 가장 위대한 세 명의 수학자 중 한 사람으로 꼽히지만(통상 아르키메데스, 뉴턴,

---

4. 이 사실은 소수가 무한하다는 유클리드의 정리에 대한 새롭고 깔끔한 증명으로 이용되었다. 이것은 폴리아(George Pólya)의 증명인데, 이것이 실려 있는 매우 유용하고 비전문적인 그의 작은 책 **어떻게 문제를 풀 것인가** (How to Solve It, Princeton University Press)를 독자에게 강력하게 추천한다.

가우스를 삼대 수학자로 꼽는데), 수론이라는 수학 분야에서는 어느 누구도 그와 견줄 수 없다. 가우스가 24세였던 1801년에 출판된 그 작은 책의 제목은 **수론 연구**(Disquisition Arithmeticae)였다. 이 책의 내용 대부분은 그가 가장 활동적이었던 18세와 21세 사이에 얻은 결과였다. **수론 연구**는 당시 완전히 비조직적이었던 수론을 체계화시켰으며, 다른 사람들이 쉽게 연구할 수 있는 길을 열어 주었다.

곧 알게 되듯이, 가우스가 이 책의 제7장에서 작도 가능한 다각형에 관한 고대의 문제를 다룬 것은 적절했다. 이 문제는 누구도 수론에 관한 책에서 찾아볼 수 있을 것이라고 예측할 수 없던 문제였다. 왜냐하면 이런 문제는 그리스 시대 이래 언제나 기하학의 문제로 간주되었기 때문이다. 그러나 이 문제가 해결되었을 때, 이것은 대수학으로 접근한 산술학자에 의해 해결되었고 산술에서 답이 발견되었다.

가우스는 네 개의 기본적인 산술 연산과 제곱근을 사용해서 대수적으로 표현할 수 있는 선분만이 작도 가능하다는 사실에서 출발해서, 소수 개의 변을 가진 다각형은 그 소수가 $2^{2^x}+1$ 꼴의 페르마 소수인 경우에만 작도 가능하며 그 이외의 경우에는 불가능하다는 사실을 밝힐 수 있었다.

일반적으로, n개의 변을 가진 정다각형은 n이 2의 거듭제곱일 때 또는 페르마 소수일 때 또는 2의 거듭제곱과 서로 다른 페르마 소수들의 곱일 때 자와 컴퍼스만으로 작도할 수 있다.

가우스는 이 문제에 대한 일반적인 해법과 함께 기본적인 작도 가능한 다각형들의 목록에 다음과 같은 세 가지 다각형을 추가했다.

$17(F_2)$개의 변을 가진 정다각형,
$257(F_3)$개의 변을 가진 정다각형,
$65,537(F_4)$개의 변을 가진 정다각형.

그 뒤 수많은 수학적 업적을 남겼던 가우스는 자신이 겨우 18세 때 발견한 이 사실을 언제나 매우 자랑스럽게 생각했다. 소문에 의하면, 그가 언어학과 수학 중에서 하나를 평생의 직업으로 결정하게 만든 것이 바로 이 발견이었다고 한다. (구의 부피에 대한 공식을 암시하는) 구와 외접하는 원기둥으로 아르키메데스의 묘비를 장식했던 것과 같이, 가우스는 17개의 변을 가진 다각형을 자신의 묘비에 새겨달라고 요청했다는 이야기도 있다. 가우스가 이런 요청을 했든 안했든 간에, 그는 이 문제를 해결한 뒤에 다음과 같이 지적했었다.

"원을 세 부분과 다섯 부분으로 분할하는 방법이 유클리드 시대에 이미 알려진 반면에, 2000년 동안 어느 누구도 더 이상의 발견을 하지 못했다는 사실에 놀랄 만한 충분한 이유가 있다. 그리고 그런 분할과 그것으로부터 유도할 수 있는 분할을 제외하면, 기하학적 작도를 통해 다른 어떠한 것도 성취할 수 없다고 모든 기하학자가 확실하게 생각했던 사실 또한 놀랄 만한 충분한 이유가 있다."

17개의 변을 가진 다각형은 가우스의 묘비에 새겨져 있지 않지만, 고향인 브룬즈빅(Brunswick)에 그를 기념해서 세운 기념비에서 그런 도형을 볼 수 있다.

그러나 65,537(F_4)개의 변을 가진 다각형이 그리스의 요구 조건인 자와 컴퍼스만으로 작도 가능한 마지막 다각형 인지에 대한 문제에 가우스마저도 대답할 수 없었다. 이것은 페르마 소수에 관한 다음과 같은 문제들이 해결될 경우에만 풀릴 수 있는 문제이다. F_4가 $2^{2^x}+1$ 꼴의 마지막 소수인가? 만약 그렇지 않고 더 많은 페르마 소수가 있다면, 그것들의 개수는 유한인가, 무한인가?

페르마 시대 이래 많은 수학자들이 이 문제에 대단히 많은 시간과 노력을 기울였다. 페르마 소수에 새로운 의미를 부여한 **수론 연구**의 출판은 훨씬 더 흥미로운 문제를 제기했다. 그러나 페르마의 추측이 발표된 뒤, 페르마 수 중에서 단 하나의 또 다른 소수도 발견되지 않았다. 거의 4세기가 지난 현재, 그 뒤 연구된 99개의 페르마 수가 모두 합성수라는 사실만이 밝혀졌다.

어떤 페르마 수가 합성수임을 두 가지 방법으로 판정할 수 있다. 첫째는 메르센 수에 관한 장에서 언급했던 루카스 판정법과 유사한 방법이다. 그 결과로 일부 페르마 수가 합성수로 밝혀졌지만, 그것들의 약수를 찾는 데는 많은 시간이 걸렸다. 예를 들면, 수 F_7과 F_8은 각각 1905년과 1909년에 합성수로 판명됐지만, 1970년과 1980년에야 비로소 약수가 발견되었다. F_{14}는 1963년에 이미 합성수로 밝혀졌지만, 아직까지도 약수를 발견하지 못하고 있다. 1877년에 처음 등장한 그 판정법은 슈퍼컴퓨터 Cray-2의 하드웨어 신뢰성을 판정하는 장기간의 실험의 일환으로 1987년에 사용되었다. 그 해, 영(Jeff Young)과 부엘(Duncan A. Buell)은 Cray-2에서 약 10일 동안의 CPU 시간을 사용한 뒤에, F_{20}이 합성수임을 입증했다. 그들은 현재까지도 소수 판정을 못하고 있는 가장 작은 페르마 수 F_{22}의 성질을 알아내기 위해서는 160일 이상의 CPU 시간이 필요할 것이라고 결론지었다 그러나 F_{20}이 합성수이고 따라서 유일한 소인수분해를 가진다는 사실을 알고 있지만, 이 수의 소인수를 단 한 개도 알지 못하고 있다. 마찬가지로, F_{14}의 소인수를 단 한 개도 알지 못하고 있다.

위에서 언급한 판정법은 '비교적 작은' 페르마 수에 적용시킬 수 있다. 큰 페르마 수는, 오일러가 F_5는 합성수임을 밝힘으로써 페르마의 추측을 부정했을 때 사용된 방법과 유사한 공식으로 접근해야만 한다.

현재까지 조사된 가장 큰 페르마 수는 F_{23471}이다. 그렇지만 F_{23471}보다 작은 모든 페르마 수를 조사한 것은 아니다. 이미 지적한 대로, F_{22}의 성질은 여전히 알려지지 않고 있다. 이런 현상은 다음과 같이 간단하게 설명된다. 즉, 합성수로 입증하기가 쉬운 수는 작은 소수 중에서 소인수를 가지는 것이다. 이런 이유 때문에, 천문학적인 수 F_{23471} 보다 작은, 예를 들면 작은 수 8,633 보다 큰 수 14,997 을 소인수 분해하는 것이 훨씬 더 쉽다. 14,997 을 나누어 떨어뜨리는 최초의 소수는 3 이지만, 8,633 을 나누어 떨어뜨리는 최초의 소수는 89 이다. 89 는 24 번째로 시도해 볼 수 있는 소수이다.

이미 1905 년에 그 성질이 알려진 F_{73} 의 경우를 통해, 페르마 수 사이에서 어느 정도 유사한 예를 찾아볼 수 있다. 컴퓨터가 출현할 당시, F_{73} 은 합성수인 가장 큰 페르마 수였다. 사실, 이 수는 컴퓨터 시대 이전에 그 성질이 조사된 가장 큰 수일 것이다. F_{73} 으로 표현되는 수는 대단히 크기 때문에, 이 수를 십진법으로 나타내고 표준적인 활자를 사용해서 표준 규격의 책으로 인쇄한다면 세상에 있는 모든 도서관도 수용하지 못할 것이다.[5] 그렇지만 다행스럽게도 이 수와 이것보다 큰 페르마 수를 소인수 분해하기 전에 십진법으로 표기할 필요는 없다. 수 F_t 가 소인수 분해된다면, 소인수는 $2^{t+2}k+1$ 꼴이어야 한다. (이것은 오일러와 관련해서 이미 언급했던 $2^{t+1}k+1$ 을 개선한 것이다. 왜냐하면 이것은 가능성 없는 소인수를 더 많이 제거하기 때문이다.) F_{73} 의 경

---

5. 도버(Dover) 출판사가 최근에 재발행한 수학의 고전인 볼(W.W. Rouse Ball)의 *Mathematical Recreations and Essay* 로부터 F_{73} 의 크기를 어림잡았다.

우에 이는 $2^{75}k+1$ 꼴의 수를 의미한다. k에 1, 2, 3, 4를 대입하지 않는 충분한 수학적 근거가 있다. 그래서 5를 대입해서 F_{73}의 가능성 있는 첫째 소인수로서 $2^{75} \cdot 5+1$을 시도한다. 판명된 대로, 실제로 이것은 가장 작은 소인수이다. 이에 따라 별로 힘들이지 않고 F_{73}이 합성수라는 사실이 20세기 초에 밝혀졌다.

현재 합성수로 밝혀진 99개의 페르마 수 중 8개가 $5 \cdot 2^n+1$ 꼴의 소인수를 가진다는 사실은 신기하고 흥미롭다. 이런 수 중에 가장 작은 합성수인 페르마 수(F_5)와 합성수로 밝혀진 가장 큰 페르마 수(F_{23471})가 포함된다. 두 가지 경우에는 $3 \cdot 2^n+1$ 꼴의 소인수가 있고, 네 가지 경우에는 $7 \cdot 2^n+1$ 꼴의 소인수가 있다. (F_t의 소인수가 되기 위해서는 n의 값이 최소한 $t+2$가 되어야 한다.) 아래에 나열한 것은 이런 작은 소인수를 포함하는 페르마 수들이다. 예상할 수 없지는 않았겠지만, 합성수인 페르마 수의 발견과 달리 이런 소인수의 발견은 연대순으로 나타났다.

F_t	소인수	발견 연도
F_5	$5 \cdot 2^7+1$	1732
F_{12}	$7 \cdot 2^{14}+1$	1877
F_{23}	$5 \cdot 2^{25}+1$	1878
F_{36}	$5 \cdot 2^{39}+1$	1886
F_{38}	$3 \cdot 2^{41}+1$	1903

F_{73}	$5 \cdot 2^{75}+1$	1905
F_{117}	$7 \cdot 2^{120}+1$	1956
F_{125}	$5 \cdot 2^{127}+1$	1956
F_{207}	$3 \cdot 2^{209}+1$	1956
F_{284}	$7 \cdot 2^{290}+1$	1956
F_{316}	$7 \cdot 2^{320}+1$	1956
F_{1945}	$5 \cdot 2^{1947}+1$	1957
F_{3310}	$5 \cdot 2^{3313}+1$	1979
F_{23471}	$5 \cdot 2^{23473}+1$	1984

현재 합성수로 밝혀진 99개의 페르마 수는 세 무리로 분류된다. 즉, F_{14}와 F_{20}과 같이 소인수가 전혀 알려지지 않은 수와 모든 소인수가 알려지지는 않았지만 한 개 이상의 소인수가 알려진 수(대부분의 경우) 및 F_5, F_6, F_7, F_8, F_7, F_{11} 등과 같이 완전히 소인수 분해된 수로 분류할 수 있다.

매우 신기하게도, 1988년에 발견된 F_{11}의 완전한 소인수 분해가 수학계 이외에서 거의 주목받지 못했던 반면에, 2년 뒤에 발견된 F_9의 소인수 분해는 전국 언론 매체들의 관심을 끌었다. F_9는 이런 것에 관심을 가진 수학자들이 '가장 찾고자 했던 열 개의 수'(The Ten Most Wanted Numbers)의 하나로 간주되었었다. 뉴욕 타임스(New York Times)는 이 기사에 '수학에서의 거보'(Great Leap in Math)라는 표제를 달았고, '비밀 보장을 위태롭게 할 수 있는 진보'라고 언급했다. 이런 특별한 관심은 그 소인수 분해가 수백 명의 수학자가 참여하고 약 천 대의 컴퓨터가 사용된 어떤 집단의 공동 연구 과제였다는 사실에 주로 기인했다. 인간과 컴퓨터의 힘의 결합은 대단히 빠르게 이런 문제를 해결해서 이른바 '공개 암호'(public code) 체계에 현실적인 위협이 된다는 사실을 충분히 입증했다. 공개 암호 체계에서는 공개된 100자리 이상의 매우 거대한 수를 사용해서 전달 내용을 암호화할 수 있지만, 그런 수의 소인수들을 알고 있는 사람만이 그 내용을 해독할 수 있다. 155자리의 수인 F_9를 완전히 소인수 분해했던 그 집단의 대변인은 "우리는 암호학에서 사용되고 있는 영역으로 최초로 들어갔었다. … 확실한 안전을 보장하기는 불가능하다."라고 발표했다.

　35년 전, 이 책의 초판에서는 다음과 같이 썼다. "[당시에 조사되지 않았던 가장 큰 페르마 수인] F_{13}의 성질은 가까운 장래에 결정될 것 같지 않다. 그리고 페르마 소수들이 유한인지 아닌지에 관한 일반적인 문제도 곧 해결될 것 같지 않다."

　첫째 문제에 대해서는 틀렸지만, 둘째 문제에 대해서는 옳았다.

　작도 가능한 다각형에 대한 문제는 여전히 해결되고 있지 않다. 가우스는 일곱 개의 변을 가진 정다각형이 자와 컴퍼스만으로 작도할 수 없는 첫째 다각형이라고 말할 수 있었다. 그러나 그처럼 뛰어난 사람도 65,537(F_4) 개의 변을 가진 다각형이 마지막인지에 대해서는 말할 수 없었다.

그래서 작도 가능한 다각형과 페르마 소수에 관한 이야기는 끝나지 않았다. 단지 중지됐을 뿐이다. 이것은 수학에서 위대한 수학자 중에서 몇 명의 이름이 등장하는 이야기이다. 그러나 여기에는 아직도 또 다른 이름이 등장할 여지가 있다.

도 전

메르센 수와 페르마 수는 잘못 추측한 사람의 이름을 갖고 있다는 공통된 사실 이외에도 많은 공통점이 있다. 메르센 수는 일반적으로 2^n-1 꼴이며 페르마 수는 2^n+1 꼴이다. 각 수는 어떤 제한된 n의 값에 대해서만 소수가 되지만, 모든 n에 대해 항상 소수가 되지는 않는다. 다른 모든 n의 값에 대해서, 그것이 소인수 분해가 될 수 있음을 보이기 위해 그 수를 전부 쓸 필요도 없다. 아래 제시된 문제는 메르센 수와 페르마 수를 더욱 잘 이해할 수 있는 계기를 만들어 줄 것이다.

문제 : 임의의 양의 정수 s에 대해 x^s+1은 $x+1$에 의해 대수학적으로 나누어 떨어진다. 마찬가지로, s가 홀수이면

x^s+1 은 $x+1$ 로 나누어 떨어진다.

$$x^2-1=(x-1)(x+1)$$
$$x^3-1=(x-1)(x^2+x+1)$$
$$x^3+1=(x+1)(x^2-x+1)$$

따라서 모든 s 에 대해 $2^{rs}-1=(2^r)^s-1$ 은 2^r-1 로 나누어 떨어지며, 홀수 s 에 대해 $2^{rs}+1=(2^r)^s+1$ 은 2^r+1 로 나누어 떨어진다. 다음은 이런 등식들의 특별한 경우이다.

$$255=2^8-1=(2^4-1)(2^4+1)=15 \times 17,$$
$$511=2^9-1=(2^3-1)(2^6+2^3+1)=7 \times 73,$$
$$513=2^9+1=(2^3+1)(2^6-2^3+1)=9 \times 57$$

위에서 설명한 사실을 이용해서, 독자는 $2^{12}-1(=4095)$ 와 $2^{12}+1(=4097)$ 의 몇 개의 약수를 찾아보는 즐거움을 맛볼 수 있을 것이다. 또, 위의 규칙으로 2^n-1 또는 2^n+1 의 약수를 찾을 수 없는 경우를 고려해서, 이런 수가 소수일 경우에 관한 결론을 얻을 수 있을 것이다.

답

수 $2^{12}-1=4095$ 는 $2^2-1=3$, $2^3-1=7$, $2^4-1=15=3 \times 5$, $2^6-1=63=3^2 \times 7$ 으로 나누어 떨어진다. 사실, $4095 = 3^2 \times 5 \times 7 \times 13$ 이다.

$2^{12}+1=4097$ 은 $2^4+1=17$ 로 나누어 떨어진다. 실제로

$4097 = 17 \times 241$ 이다.

일반적으로, n이 소수가 아니면 $2^n - 1$에 대해, n이 2의 거듭제곱이 아니면 $2^n + 1$에 대해서 자신과 1 이외의 다른 약수를 찾을 수 있다. 그러므로 메르센 수는 n이 소수일 때 $2^n - 1$ 꼴의 수이고, 페르마 수는 n이 2의 거듭제곱일 때 $2^n + 1$ 꼴의 수이다. '6'과 '7'에 관한 장에서 알아본 대로, 이런 수가 이와 같은 제한 조건을 만족시키더라도 항상 소수는 아니다. 이런 이유 때문에 이런 수들이 유한인지 또는 무한인지에 대한 증명이 발견될 때까지 이것들은 수학자에게 대단히 큰 과제를 제공한다.

8

수 8에 관한 가장 흥미로운 사실은 8이 세제곱수(2×2×2) 또는 입방수(cube)라는 것이다. 그런데 세제곱수는 흥미롭지만 다루기 어렵다. 그리스 사람들이 세제곱수에 입방수라는 공간 도형의 이름을 붙인 이래, 같은 수의 세 번의 곱인 세제곱수는 고등 산술 분야에 몇 개의 가장 어려운 문제를 제공했다. 오늘날 세제곱수에 관한 가장 간단한 문제도 어려운 점에서는 이와 견줄 만한 문제는 없었다. 수 8은 세제곱수라는 사실 이외에도 역사적으로 대단히 중요한 수였다.

수의 임의의 무리에 대해 통상적으로 제기되는 두 가지 질문이 있는데, 물론 세제곱수에 대해서도 똑같은 질문을 제기할 수 있다.

세제곱수를 다른 자연수들을 사용해서 어떻게 일반

적으로 표현할 수 있을까?
자연수를 세제곱수들을 사용해서 어떻게 표현할 수 있을까?

첫째 질문에 대한 하나의 답은 서력 기원 초로 거슬러 올라간다. 그 답은 통상 니코마코스(Nicomachus)의 업적으로 간주하는데, 서기 1세기에 씌어진 그의 책 **산술 입문**(Introductio Arithmetica)은 산술을 기하학에서 분리해서 독립적으로 다룬 최초의 광범위한 연구서였다. 세제곱수는 언제나 연속된 홀수들의 합과 같고 다음과 같은 방법으로 표현될 수 있다고 니코마코스는 서술했다.

$$1^3 = 1 = 1,$$
$$2^3 = 8 = 3 + 5,$$
$$3^3 = 27 = 7 + 9 + 11,$$
$$4^3 = 64 = 13 + 15 + 17 + 19$$

세제곱수에 관한 첫째 문제의 답을 찾기는 쉬웠다. (물론, 다른 답도 가능하다.) 세제곱수를 사용한 자연수의 일반적인 표현에 관한 둘째 질문의 답을 찾기는 매우 어려웠다. 그리고 성급하게 찾은 답은 세제곱수에 관한 전혀 다른 새롭고 훨씬 더 어려운 문제를 야기했다.

수의 어떤 무리를 다른 무리를 사용해서 '표현'한다고 말할 때, 이것은 곱셈 또는 덧셈에 의한 표현을 의미할 수 있다. 곱셈의 견지에서 소수를 생각하는 것은 자연스러워 보인다. 그래서 정수는 일반적으로 소수들의 곱으로 표현된다.[1] 한편, 제곱수와 같이 세제곱수를 덧셈의 견지에서 생각하는 것이 자연스러워 보인다. 그래서 정수는 제곱수, 세제곱수, 네제곱수, 그리고 그 이상의 거듭제곱수의 합으로 표현된다.

정수를 세제곱수의 합으로 표현할 때, 분명히 어떤 정수는 다른 정수보다 적은 수의 세제곱수를 필요로 한다. 2^3과 같이 자체로 세제곱인 수는 단 한 개의 세제곱수를 필요로 한다. $3^3=27$이므로 2^3과 같은 수는 가장 작은 세 개의 세제곱수만을 사용해서 표현할 수 있는데, 23을 표현하기 위해서는 아홉 개의 세제곱수가 필요하다. 즉, $23=2^3+2^3+1^3+1^3+1^3+1^3+1^3+1^3+1^3$이다. 그러나 23과 같이 8도 또한 아홉 개의 세제곱수의 합이라고 말할 수 있다. 왜냐하면 아홉 개의 세제곱수의 합이 되도록 2^3에 0^3을 여덟 번 더할 수 있기 때문이다.

그렇다면 만약 **표현하는 데 가장 많은 세제곱수가 필요**

---

1. 수학자들이 소수들의 합으로 수를 생각하기 시작했을 때 대단히 큰 어려움에 빠졌었다. 1742년 무명의 러시아 수학자 골드바흐(Christian Goldbach)가 현재 잘 알려진 골드바흐의 가설, 즉 '모든 짝수는 두 개의 소수의 합이다'라는 명제를 제시했다. 이 가설을 의심하는 사람은 없었지만, 1931년이 되어서야 어떤 수학자가 '모든 짝수는 30만 개 이하의 소수의 합이다'라는 사실을 증명할 수 있었다. 그 뒤, '충분히 큰 모든 홀수는 세 개 이하의 소수의 합이다'라는 사실이 증명되었다. 그래서 '충분히 큰 모든 짝수는 네 개 이하의 소수의 합이다'라는 사실이 성립한다.

한 어떤 수가 존재한다면, 필요한 만큼 0^3을 더해서 모든 수를 그와 같은 개수의 세제곱수로 표현할 수 있다는 사실은 분명하다. 그러나 그런 수가 존재한다고 보장할 수 없다. 수를 표현하는 데 필요한 세제곱수의 개수는 수가 커짐에 따라 증가할 수도 있다.

    1772년까지 세제곱수에 관한 둘째 질문을 해결하기 위한 진지한 시도는 없었다. 바로 그 해, 믿을 수 없을 정도의 어려움을 겪은 뒤에 제곱수에 관한 이와 비슷한 문제가 증명과 함께 마침내 해결되었다. 진실을 증명하기보다 말하기가 더 쉽다는 사실에 대한 더 훌륭한 예를 수론 이외에서 찾아볼 수 없다. **네 제곱 정리**(four square theorem)는 모든 자연수가 네 개의 제곱수의 합으로 표현될 수 있다고 주장한다. 몇 개의 작은 수에 대한 간단한 계산을 통해 이것이 매우 그럴듯한 사실임을 알 수 있다. 이것은 디오판토스도 잘 알고 있었다고 생각되는 정리이다. 분명히, 이것은 번역자 바셰가 말했던 정리인데, 페르마는 이 사람을 통해 디오판토스의 문제들을 잘 알게 되었다. 그리고 이 정리는 페르마에 의해 더욱 일반적인 정리의 일부로 다시 진술되고 증명되었다. (이것은 다음과 같은 내용으로 '5'에 관한 장에서 만났던 정리이다. 모든 수는 삼각수이거나 둘 또는 세 개의 삼각수의 합이다. **모든 수는 제곱수이거나 둘, 셋, 또는 네 개의 제곱수의 합이다.** 모든 수는 오각수이거나 둘, 셋, 넷, 또는 다섯 개의 오각수의 합이다. 이와 같이 계속된다.) 페르마가 이 정리의 증명보다 더 큰 즐거움을 준 것은 없었다고 지적했지만, 언제나 그랬듯이 바셰가 번역한 디오판토스의 **산학**의 가장자리는 너무 좁았고, 그래서 그 증명은 페르마와 함께 소멸되었다. 그 뒤, 오일러는 이 정리에서 제곱수와 관련된 부분을 증명하는 데 매달렸다. 그는 긴 생애 중 40년 동안 단속적으로 이 문제에 몰두했지만, 성공하지는 못했다. 드디어 1772년, 오일러가 이미 쌓아올린 연구 결과의 도움을 받아서 라그랑주(Joseph Louis Lagrange, 1736-1813)는 네 제곱 정리를 증명했다. 나폴레옹은 라그랑주를 '수학의 지고한 피라미드'라고 불렀다. 몇 년 뒤, 오일러는 라그랑주에게 대단히 큰 어려움을 주었던 그 정리의 증명보다 훨씬 더 간단하고 세련된 증명을 발견했는데, 이것이 바로 현재 일반적으로 사용되는 증명이다.

세제곱수의 경우와 '쌍둥이' 관계에 있는 제곱수에 관한 정리의 역사를 통해, 임의의 수를 세제곱수의 합으로 표현하기 위해 얼마나 많은 세제곱수가 필요하고 충분한지에 관한 문제가 쉽게 풀릴 것으로 보이지 않았다.

1772년에는 오랫동안 찾았던 네 제곱 정리의 증명 이외에도, 세제곱수로 수를 표현하는 문제를 해결하려는 시도에 또 다른 자극이 있었다. 영국 수학자 워링(Edward Waring, 1734-1798)은 네 제곱 정리로부터 출발해서 한없이 진행하는 정리를 증명 없이 제시했다. 그는 **모든 수가 네 개의 제곱수의 합, 아홉 개의 세제곱수의 합, 19개의**

네제곱수의 합, 그리고 이런 방법으로 고차의 거듭제곱수의 합으로 표현될 수 있다고 제시했다. '3'에 관한 장에서 증명되지 않은 윌슨(John Wilson)의 소수 판정법을 발표한 케임브리지 대학 교수로서 워링을 만났었다. 워링은 신동이었는데, 교수 임용에 필수적인 석사 학위(M.A.)를 받기 전에 케임브리지 대학교의 교수로 지명되었기 때문에 왕의 칙령으로 그에게 학위를 수여할 수밖에 없었다. 그는 생존시에 '인간의 성격이 표출할 수 있는 자만심과 겸손함의 가장 강력한 합성물 중 하나'로 묘사되었다. (그 작가는 "그렇지만 전자(자만심)가 그의 우세한 특징이다."라고 덧붙였다.)

잠시 동안 워링의 일반적인 정리의 역사를 추적하지 않겠다. 그 정리가 '수학에서 신기원을 이룩했던 문제 중 하나'로 밝혀진 것은 그의 잘못이 아니라 행운이었다(이것은 벨(E.T. Bell)의 말이다). **워링의 문제**로서 그 정리는 수학에서 불후의 명성을 얻었지만, 워링은 수학자로서 그와 같은 명성을 결코 얻지 못했다. (신기하게도, Dictionary of National Biography에 실린 워링의 일생에 관한 요약에는 '워링의 문제'가 언급되어 있지 않다.)

현재로서는 일반적인 정리보다 모든 수를 세제곱수의 합으로 표현하기 위해 필요하고 충분한 세제곱수의 개수로 워링이 선택한 수 9에 더 많은 관심을 갖게 된다. 9가 매우 그럴듯하게 정확한 선택이라는 암시는 종이와 연필을 이용해서 몇 개의 수를 조사해봄으로써 얻을 수 있었을 것이다. 모든 수를 세제곱수의 합으로 표현하기 시작하면, 100에 도달할 때까지 열 개 이상의 세제곱수가 필요하지 않다는 사실을 알게 될 것이다. 이미 언급한 대로, 오직 23 만이 아홉 개의 세제곱수를 필요로 한다. 100 이상의 수에 대해서도 이런 작업을 계속하면, 239 에 도달할 때까지 23 이후에 아홉 개의 세제곱수를 필요로 하는 수는 없다.

모든 수를 아홉 개의 세제곱수의 합으로 표현할 수 있다는 워링의 주장에 대한 근거는 어쩌면 종이와 연필에 의존한 계산에 불과할 수도 있다. 훌륭한 추측이었지만, 그 이상은 결코 아니다. 이미 알아봤듯이, 아무리 많은 수에 대해 이런 작업을 계속하더라도, 표현을 위해 열 개 이상의 세제곱수가 필요한 수가 존재하지 않는다는 절대적인 보장을, 비록 그런 수를 발견하지 못하더라도, 종이와 연필에 의한 작업에서 얻을 수는 없다. 또, 수가 한없이 커짐에 따라 필요한 세제곱수의 개수도 한없이 커지지 않는다는 어떠한 보장도 없다. (이런 현상은 모든 수를 2의 거듭제곱들의 합으로 표현하려고 할 때 나타난다. 모든 수를 표현하는 데 충분한 한정된 개수의 2의 거듭제곱은 없다.)

워링의 정리에서 세제곱수와 관련된 부분을 증명하는 첫 단계는 모든 수를 표현하는 데 필요한 세제곱수의 개수가 실제로 유한하다는, 짧게 말하면 필요한 세제곱수의 개수는 한없이 커지지 않는다는 사실에 대한 증명이다. 이렇게 세제곱수의 유한한 개수를 위해 선택된 수학 기호는, 그것이 존재하는 경우에 $g(3)$이었다. 워링은 넌지시 그런 $g(3)$이 존재하며 그것은 9라고 말했다. 또, 모든 수를 표현하는 데 필요한 네제곱수의 개수인 $g(4)$는 19이고, $g(2)$는 4라고 말했다. 각 거듭제곱수에 대한 g가 존재하지 않았다면, 워링의 정리는 아무런 의미도 없었다.

(네 제곱 정리를 증명함으로써) 라그랑주가 이미 $g(2) = 4$임을 증명했기 때문에, $g(2)$의 존재성을 증명할 필요는 없었다. 그러나 워링의 정리가 발표되고 1세기 이상이 지난 1895년까지도 $g(3)$의 값은 말할 나위도 없고 $g(3)$의 존재성마저 증명되지 않았다. 당시, 모든 수를 17개의 세제곱수의 합으로 표현할 수 있다는 사실이 증명되었다. 이것은 17이면 충분함을, 즉 임의의 수를 표현하는 데 필요한 세제곱수의 개수는 수의 크기에 관계 없이 17보다 결코 클 수 없음을 의미했다. 비록 모든 수를 표현하는 데 필요한 세제곱수의 가장 작은 개수가 17이라고 증명되지는 않았지만, 17은 필요한 개수의 한계라는, 즉 유한한 $g(3)$에 대해 어림잡은 값이 17이라고 증명되었다.

그 뒤 16년 동안 수학자들은 17을 조금씩 깎아 내려갔다. 세제곱수의 합으로 모든 수를 표현하는 데 필요하고 충분한 세제곱수의 개수를 17에서 16으로, 16에서 15로, … 조금씩 조금씩 줄여 나가다가, 드디어 $g(3)$은 9보다 작거나 같다는 사실을 증명하기에 이르렀다. 구체적으로 수를 표현해보면 적어도 두 개의 수 23과 239가 아홉 개의 세제곱수를 요구한다는 사실을 알 수 있으므로, $g(3)$은 분명히 9와 같다. 워링이 모든 수는 아홉 개의 세제곱수의 합으로 표현될 수 있다고 말한 지 정확하게 139년 뒤에 이런 결론에 도달했다.

수들이 제기하는 문제에 익숙하지 않은 사람은 이런 사실을, 워링이 동료 수학자들을 1세기 이상 동안 연구와 증명에 몰두하게 만든 정리를 직관적으로 인식했다는 점에서 워링의 탁월함에 대한 증명으로 생각하기 쉽다. 그러나 이 경우에는 아니다. 왜냐하면 가장 쉽게 추측할 수 있는 자연수 사이의 몇 가지 관계는 증명하기가 가장 어렵다는 것이 자연수의 성질 중 하나, 어쩌면 가장 흥미로운 성질이기 때문이다.

워링의 문제에 대단히 많은 시간을 바쳤던 하디(G.H. Hardy)는 이에 대해 다음과 같이 논평했다.

"워링이 아주 그럴듯한 추측을 얻기까지 매우 힘든 계산을 필요로 하지 않았을 것이다. 이 이론에 대한 그의 공헌은 바로 이런 추측에 불과하다고 나는 생각한다. 그리고 수론에서는 증명하기가 때로는 지독하게 어렵지만 추측하기는 이상할 정도로 쉽다. 그래서 중요한 것은 증명뿐이다."[2]

드디어 $g(3)$의 값이 9라는 사실이 명백하게 밝혀진

---

2. 하디는 가장 많이 인용되는 현대 수학자 중 한 사람이며, 그를 좀더 자주 인용하지 않은 것은 단호한 결정에 의해서만이 가능했다. 독자에게 그의 작은 책 어떤 수학자의 변명(*A Mathematician's Apology*, Cambridge University Press)을 추천한다.

1909년, 해결하는 데 1세기 이상이 걸릴 정도로 어려웠던 세제곱수에 관한 문제는 유례 없이 더욱 어렵고 더욱 흥미로운 문제로 바뀌었다. 바로 이 해에 표현하는 데 아홉 개의 세제곱수가 필요한 수들이 유한하다는 사실이 증명되었다. 아마도, 일반적으로 추측되었듯이 무수히 많은 수 중에서 오직 23과 239만이 그런 수일 것이다.

단지 유한 개의 수만이 아홉 개의 세제곱수를 필요로 한다는 사실의 중요성은 무엇일까? 그것은 아홉 개의 세제곱수가 필요한 **마지막** 수가 있다는 사실이다. 그 수 이후의 모든 수를 표현하는 데 여덟 개의 세제곱수이면 충분하다.

하디의 말을 다시 인용해보자.

"표현하는 데 아홉 개의 세제곱수를 필요로 하는 수는 오직 23과 239뿐이라고 (이는 의심할 바 없는 진실이라고) 가정하자. 이것은 모든 진지한 산술학자의 관심을 끌 수 있는 매우 신기한 사실이다. 왜냐하면 산술학자에게 '모든 자연수는 그의 개인적인 친구이다'라는 말이 진실이기 때문이다. 이 말은 라마누잔[3]을 두고 한 말인데, 그의 경우에 이

---

[3]. 라마누잔(Srinvasa Ramanujan)은 재치 있는 인도 수학자로 1920년 32세의 나이로 죽었는데, 흥미로운 수에 관한 책에 반드시 포함시켜야 하는 그에 관한 인상적인 이야기가 있다. 그는 하디가 발견해서 영국으로 불러오기 전까지 공무원으로 근무하면서 사실상 독학을 했었다. 이 인도 사람과 영국 사람은 몇 년 동안 공동 연구를 통해 훌륭한 수학 결과를 얻었다. 라마누잔의 연구 논문집을 소개하는 하디의 매우 훌륭한 글에는 다음과 같은 이야기가 실려 있다. 어느 날 병상에 있는 라마누잔을 방문한 하디는 자신이 타고 온 택시의 번호가 '매우 흥미롭지 않은 수' 1729라고 말했다. 그러자 라마누란은 그렇지 않고 그 수는 매우 흥미로운 수라고 다음과 같이

말은 어쨌든 절대적인 진실이다. 그러나 이것을 고등 산술의 매우 심오한 사실이라고 생각하는 것은 불합리할 것이다. 그것은 재미있는 산술적인 요행에 지나지 않는다. 대단히 흥미로운 수는 …8이지 …9는 아니다."

어떤 수 이후의 (어쩌면 240부터) 모든 수를 표현하는 데 충분한 세제곱수의 개수에 관한 새로운 개념과 함께 새로운 수학적 표현의 고안이 필요했다. 그래서 모든 수를 세제곱수의 합으로 표현하는 데 필요한 세제곱수의 개수 $g(3)$은 **유한 개의 수를 제외한** 어쩌면 23과 239만을 제외한 모든 수를 표현하는 데 필요한 세제곱수의 개수를 나타내는 $G(3)$과 결합되었다. $g(3)$이 9라는 사실은 이미 증명되었다. 그리고 아홉 개의 세제곱수가 필요한 수들은 유한이라고 증명되었기 때문에, $G(3)$은 반드시 8보다 작거나 같다. 1939년 오직 23과 239만이 표현하는 데 아홉 개의 세제곱수가 필요한 수라는 사실이 확실히 증명되었다.

$g(3)$과 $G(3)$은 비공식적으로 각각 '작은 지'(Little Gee)와 '큰 지'(Big Gee)로 종종 불리는데, 이것들 사이의 차이점은 워링의 문제 중 세제곱수와 관련된 부분에 대한 연구를 통해 발견되었다. 그러나 그 문제의 다른 모든 부분도 중요한 의미를 지녔다. $g(s)$가 존재하면 $G(s)$도 존재하고, $G(s)$가 존재하면 $g(s)$도 존재한다. 그래서 수학자들은

즉시 대답했다. 그 수는 두 가지 방법으로 두 개의 세제곱수의 합으로 나타낼 수 있는 가장 작은 수이다($1729 = 10^3 + 9^3 = 12^3 + 1^3$).

예전부터 존재했던 다음과 같은 두 가지 문제에 누구나 직면해 있음을 알게 되었다. 각 거듭제곱수에 대해 '작은 지'의 값과 이와 같거나 작은 '큰 지'의 값을 결정하라.

('큰 지'의 문제는 제곱수에서는 결코 나타나지 않는다. 왜냐하면 $g(2)$와 $G(2)$는 모두 4이기 때문이다. $4^m(8n+7)$ 꼴의 수를 제외한 모든 수를 표현하는 데 단지 세 개의 제곱수만이 필요하지만, 이런 꼴의 수들은 분명히 무한하다. 따라서 '이 수 이후의 모든 수를 세 개의 제곱수의 합으로 표현할 수 있다'라고 말할 수 있는 그런 수는 존재하지 않는다. (워링의 시대에 'biguadrate'라고 불렸던) 네제곱수에 관한 문제의 답도 또한 발견되었다. $g(4) = 19$이고 $G(4) = 16$이다.)

워링이 제시했던 세제곱수에 관한 문제는 1909년에 해결되었다. 그러나 수론에서 매우 자주 발생하듯이, 한 문제의 해결은 또 다른 문제를 만들어냈다.

수학자들이 $g(3) \leq 17$에서 조금씩 삭감해 나갔듯이, 이제는 $G(3) \leq 8$에서 조금씩 삭감해 나아가기 시작했다. 40,000까지의 수를 구체적으로 세제곱수의 합으로 표현한 수표를 검토했을 때, 신기한 사실이 나타났다. 이 중에서 단지 15개의 수만이 표현하는 데 여덟 개의 세제곱수를 필요로 했으며, (물론 이미 언급한 대로 9개가 필요한 23과 239도 제외하면) 나머지 모든 수는 일곱 개면 충분했다. 여덟 개의 세제곱수를 필요로 하는 가장 큰 수는 454이다. 454

와 40,000 사이에 **여덟 개를 필요로 하는 수는 전혀 없다.**

워링의 문제의 역사에서와 같이, 종이와 연필에 의한 작업은 공격 목표를 정해주었다. 수학자들은 아홉 개의 세제곱수를 필요로 했던 수들과 같이 여덟 개의 세제곱수를 필요로 하는 수들의 개수도 유한하다는 사실의 증명에 착수했다. 결국 수학자들은 이를 증명하는 데 성공해서 $G(3)$의 값이 7보다 작거나 같다는 사실이 밝혀졌다. 이것이 이 책을 저술하고 있는 시점의 상황이다. 그러나 7이 이 문제에 대한 최종적인 답이 아닐 수 있다는 징후가 종이와 연필에 의한 똑같은 작업에서 나타나고 있다.

40,000 까지의 수표에서 일곱 개의 세제곱수를 필요로 하는 수는 겨우 121 개뿐이다. 이들 중 가장 큰 수는 8,042 이다. 8,042 와 40,000 사이에 **여섯 개보다 많은 세제곱수를 필요로 하는 수는 없다.** 8,042 이후에는 여섯 개보다 많은 세제곱수를 필요로 하는 수는 없고, 어쩌면 $G(3)$의 값이 6 보다 작거나 같을 것이라고 일반적으로 생각하고 있다.

이것은 추측이지, 증명된 사실은 아니다.

그런데 어떤 사람이 $G(3) \leq 6$ 임을 증명하더라도, 결국 누군가 증명할 가능성이 높은데, 이것도 이 문제의 끝이 아닐 것이라는 징후가 수표에 존재한다. 1,000 씩 추가함에 따라 표현하는 데 여섯 개의 세제곱수가 필요한 수가 점점 더 희박해진다. 여섯 개를 필요로 하는 수가 처음 1,000 까지는 202 개이다. 100 만 다음의 1,000 의 수 중에는 단 한 개만이 있다.

　결국 여섯 개의 세제곱수를 필요로 하는 수들도 또한 유한이라고 누군가 증명할 수 있을 것이다. 그러면 $G(3)$의 값은 4 또는 5로 축소될 것이다. 그런데 표현하는 데 네 개의 세제곱수를 필요로 하는 수들이 무한하다는 사실은 이미 증명되었다.

　이미 작성된 수표에서, 네 개의 세제곱수를 필요로 하는 수가 증가함에 따라 다섯 개의 세제곱수를 필요로 하는 수는 감소하는 두드러진 경향이 있다는 사실이 지적되었다. 결국 다섯 개의 세제곱수를 필요로 하는 수도 또한 사라질 가능성이 있다. 그러나 그런 수가 사라지더라도, 그것은 수표를 만드는 인간의 능력을 훨씬 넘어선 지점이 될 것이다. 이 사실은 전혀 중요하지 않다. $G(3)$의 정확한 값을 결코 수표로 입증할 수 없으며, 증명해야만 한다.

　세제곱수에 관한 문제는 현재 수론에서 가장 도전해 볼 만한 문제 중 하나이다. 그렇지만 $G(3)$의 정확한 값을 확정하기가 대단히 어려울 것이란 점에는 의심의 여지가 없다. 이번 장의 시작 부분에서 말한 대로, 8과 같은 세제곱수들은 흥미롭지만 다루기 어렵다.

또 다른 세제곱수 문제

지금까지 논의한 문제와 달리, 종이와 연필에 의한 약간의 작업으로 완전한 답을 얻을 수 있는 세제곱수에 관한 문제가 있다. 모든 수 중에서 각 자리의 숫자의 세제곱으로 표현될 수 있는, 즉 각 자리의 숫자의 세제곱의 합과 같은 수는 단지 네 개만 존재한다. 그런 네 개의 수는 무엇일까?

답

$153 = 1^3 + 5^3 + 3^3$

$370 = 3^3 + 7^3 + 0^3$

$371 = 3^3 + 7^3 + 1^3$

$407 = 4^3 + 0^3 + 7^3$

9

　수 9에 관한 대단히 많은 사실과 이 수와 다른 수 사이의 대단히 많은 관계를 등호로 나타낼 수 있다. 그러나 고대부터 알려진 흥미롭고 유용한 9의 성질이 한 가지 있는데, 이것은 등호로 나타낼 수 없다. 그것은 10의 모든 거듭제곱을 9로 나누면 언제나 1이 남는다는 사실이다.

　19세기 초, 등호와 매우 비슷한 표기법이 이 사실 및 이와 유사한 다른 관계들을 표현하기 위해 마침내 고안되었을 때, 모든 수는 수학적으로 '새로운 모습'(new look)이라고 불릴 만한 형태를 갖게 되었다. 수론에서 어떠한 발견도 이처럼 새롭고 흥미로운 많은 문제를 제기한 적은 없었다. 수의 역사에서 9는 이렇게 갑작스러운 개화의 씨앗을 제공했다.

　필연적으로 주판을 사용해서 계산해야 했던 시절에, 9

는 일상적으로 계산의 점검에 사용되었다. 계산을 끝마치고 주판 위의 알들로 답을 표현했을 때, 계산을 시행한 사람은 답의 정확성을 확인하고 싶었다. 9 덕분에, 계산 결과를 점검하는 매우 간단한 방법이 있었다.

예를 들어, 어떤 사람이 15,833에 49,476을 곱해서 답 783,353,508을 얻었다고 하자. 그의 계산 과정은 주판 위에 더 이상 남아 있지 않고, 다음과 같이 오직 답만이 남게 된다.

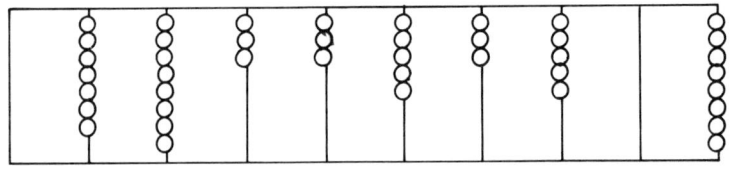

그는 10의 모든 거듭제곱을 9로 나누면 1이 남는다는 사실을 알고 있고 주판의 각 알은 10의 어떤 거듭제곱을 표현하기 때문에, 곱하려고 했던 두 수를 표현하는 알의 개수를 세었듯이 답을 나타내는 알의 개수를 센다. 오늘날에는 다음과 같이 각 자리의 숫자를 더할 것이다.

$$1+5+8+3+3=20,$$
$$4+9+4+7+6=30,$$
$$7+8+3+3+5+3+5+0+8=42$$

다음에 그는 각 합을 9로 나누고, 나머지만을 주목한다.

20÷9, 나머지 2,
30÷9, 나머지 3,
42÷9, 나머지 6

계산이 정확할 경우에, 곱하려고 했던 두 수의 나머지들을 곱하면(필요하면 9만큼씩 더 버릴 수 있는데), 두 수의 곱의 나머지가 된다. 2×3=6이므로, 그는 꽤 자신감을 갖고 다음 문제로 넘어갈 수 있다. (그러나 답의 각 자리의 숫자가 바뀔 수 있는 가능성은 언제나 존재하는데, 이런 현상은 위의 점검으로 찾아낼 수 없는 흔히 발생하는 실수이다.)

이런 점검 방법은 곱셈뿐만 아니라 덧셈과 뺄셈에도 적용시킬 수 있다. 위에서 곱했던 두 수의 합을 9로 나누면 5가 남고, 차를 9로 나누면 1이 남는다. 나눗셈을 점검하기 위해서는, 나뉨수 a가 나눗수 b와 몫과의 곱에 나머지를 더한 값과 같다는, 즉 $a=b\times q+r$이라는 표준적인 규칙을 따른다. 그러나 이런 점검을 위해 수 전체를 사용하지 않고 9만큼씩 버린 다음 나머지만을 사용한다.

```
            3
  15833 ⌐ 49476
         47499
         -----
          1977
```

$49476=15833\times 3+1977$

또는 (9만큼씩 버렸을 때)

$2\times 3+6=12$ 와 $1+2=3$

이것이 바로 **구거법**(casting out nines)이라고 부르는 고대의 계산 점검 방법이다. 이미 지적한 대로 이 방법은 1, 10, 100, 1,000, 또는 10의 임의의 거듭제곱을 9로 나누면 1이 남는다는 사실에 의존한다. 이런 이유 때문에 십진법으로 표현된 수가 9로 나누어 떨어지면 각 자리의 숫자의 합도 9로 나누어 떨어진다. 각 자리의 숫자의 합을 9로 나눌 때 나머지가 있으면, 원래의 수를 9로 나누어도 그와 똑같은 나머지가 남는다.[1] 이런 고대의 '9의 법칙' (Rule of Nine)에 의해, 각 자리의 숫자를 더한 다음 9로 나누어, 이를테면 9,876,543,210과 같은 수가 9로 나누어 떨어진다고 주저 없이 말할 수 있다.

9와 10의 거듭제곱 사이에 존재하는 관계와 같은 임의의 두 수 사이의 관계를 표현하기 위해 마침내 고안된 표기법은 매우 단순하다. 그것은 가우스에 의해 고안되었다. 그의 **수론 연구**에 쓰인 언어는 라틴어지만, 이 책에서 처음으로 사용된 실제 언어는 **합동**(congruence)의 언어이다.

합동은 매우 유용하다는 점에서 등호로 표현된 관계와 매우 유사한 관계이지만, 매우 흥미롭다는 점에서는 충분히 다르다.

$$= \text{같다}$$
$$\equiv \text{합동이다}$$

---

1. 11을 사용한 이와 유사한 점검 방법이 있다. 10의 거듭제곱을 11로 나누면 교대로 1과 1이 남는다(1일 때 +1, 10일 때 −1, 100일 때 +1, 1000일 때 −1, 기타 등등). 11로 계산을 점검하기 위해서는, 각 자리의 숫자를 교대로 더하고 뺀 다음, 그 결과를 11로 나눈다.

가우스는 **수론 연구**에서 다음과 같이 정의를 내렸다.

두 정수 a와 b의 차 $a-b$가 m으로 나누어 떨어질 때, a와 b를 법(modulus) m에 관해 합동이라 한다.

$$a \equiv b \pmod{m}$$

$$5 \equiv 1 \pmod{2}$$
$$84 \equiv 0 \pmod{6}$$
$$173 \equiv 8 \pmod{11}$$

이것은 a와 b를 m으로 나눌 때 똑같은 나머지가 남는다는 말을 다르게 표현하는 방법이다.

합동의 개념을 처음 접했을 때 매우 생소하게 느껴지지만, 반드시 그렇지는 않다. 사실, 이것은 매우 친숙한 개념이다. 우리의 일상적인 삶은 합동 관계에 근거하고 있다. 예를 들어, 오늘이 화요일이라고 말할 때, 이는 어떤 날짜를 7(일 주일)로 나누면 화요일이라는 나머지가 남는다고 말하는 것과 같다.

율리우스일(Julian Day)이라는 천문학의 개념을 사용하면, 요일을 합동으로 매우 정확하게 설명할 수 있다. 달(月)과 연(年)의 길이가 같지 않기 때문에 발생하는 혼동을 피하기 위해서, 천문학자들은 율리우스력(Julian era)의 시작인 기원전 4713년 1월 1일부터 연속적으로 날짜를 매긴다. 수요일인 1930년 1월 1일을 이런 방법으로 계산하면

2,425,978 율리우스일이다. 이런 정보와 7을 법으로 가진 합동 관계를 이용하면, 25,567일 뒤인 2000년 1월 2일이 무슨 요일인지를 다음과 같이 계산할 수 있다.

$$1930년\ 1월\ 1일 = 2,425,978\ 율리우스일 \equiv 2\ (\mathrm{mod}\ 7)$$
$$= 수요일,$$
$$2000년\ 1월\ 1일 = 2,451,545\ 율리우스일 \equiv 5\,(\mathrm{mod}\ 7)$$
$$= 토요일$$

구거법으로 계산 결과를 검증하는 고대의 방법이 근거하고 있는 일반적인 합동은 다음과 같다.

$$10^n \equiv 1\ (\mathrm{mod}\ 9)$$

이 표기법은 1과 10의 임의의 거듭제곱 사이의 차가 언제나 9로 나누어 떨어진다는 사실을 한눈에 보여준다. 단순히 수 9와의 관계에서 10의 거듭제곱을 고려하지 않고, 법 9를 통해 모든 수를 고려하면 다음과 같이 모든 수가 서로 다른 아홉 개의 무리로 분할된다는 사실을 발견하게 된다.

$$0,\ 9,\ 18,\ 27,\ 36,\ \cdots\ \equiv 0\ (\mathrm{mod}\ 9)$$
$$1,\ 10,\ 19,\ 28,\ 37,\ \cdots\ \equiv 1\ (\mathrm{mod}\ 9)$$
$$2,\ 11,\ 20,\ 29,\ 38,\ \cdots\ \equiv 2\ (\mathrm{mod}\ 9)$$
$$3,\ 12,\ 21,\ 30,\ 39,\ \cdots\ \equiv 3\ (\mathrm{mod}\ 9)$$

$$4, 13, 22, 31, 40, \cdots \equiv 4 \pmod{9}$$
$$5, 14, 23, 32, 41, \cdots \equiv 5 \pmod{9}$$
$$6, 15, 24, 33, 42, \cdots \equiv 6 \pmod{9}$$
$$7, 16, 25, 34, 43, \cdots \equiv 7 \pmod{9}$$
$$8, 17, 26, 35, 44, \cdots \equiv 8 \pmod{9}$$

모든 수는 이런 아홉 개의 무리 중 하나에 속하며, 어떠한 수도 두 개 이상의 무리에 동시에 속하지 않는다. 합동 기호를 사용하면, 구거법에서와 같이 모든 수를 마치 아홉 개의 서로 다른 수처럼 다룰 수 있게 된다. 특별히 제작된 다음 곱셈표는 법 9에 관한 모든 가능한 곱을 알려준다.

×	0	1	2	3	4	5	6	7	8
0	0	0	0	0	0	0	0	0	0
1	0	1	2	3	4	5	6	7	8
2	0	2	4	6	8	1	3	5	7
3	0	3	6	0	3	6	0	3	6
4	0	4	8	3	7	2	6	1	5
5	0	5	1	6	2	7	3	8	4
6	0	6	3	0	6	3	0	6	3
7	0	7	5	3	1	8	6	4	2
8	0	8	7	6	5	4	3	2	1

이 표를 사용하면, 겉으로 다르게 보이는 곱셈 13×14, 4×32, 22×41 등이 법 9에 관해 똑같은 답을 가진다는 사실을 발견하게 된다.

각 곱셈에는 법 9에 관해 4와 합동인 수와 5와 합동인 수를 하나씩 포함하고 있다. 위의 곱셈표에서 4×5가 2임을 알 수 있다. 지시된 곱셈을 시행함으로써, 위의 세 가지 곱은 모두 법 9에 관해 2와 합동임을 발견할 것이다.

9와의 관계에서 모든 수를 관찰했던 것과 똑같은 방법으로, 임의의 m에 관해 수들을 관찰할 수 있으며, 이 경우에도 각 수는 서로 겹치지 않는 m개의 무리 중 단 하나의 무리에 속한다는 사실을 발견할 수 있다. 이를 시행하는 가장 잘 알려진 방법은 수 2에 따른 것이다.

짝수 n은 $n \equiv 0 \pmod 2$을 만족시키는 수이다.
홀수 n은 $n \equiv 1 \pmod 2$을 만족시키는 수이다.

수론 연구에서 가우스가 고안한 이 표기법은 대단히 정확하고 매우 쉽게 이해되기 때문에, 이미 다른 형태로 알려졌던 많은 정리가 합동 관계로 즉시 재서술되었다. 한 가지 예로, '3'에 관한 장에서 이미 알아봤던 윌슨의 정리를 생각할 수 있다. 합동 관계에 의한 이 정리의 표현이 오늘날 매우 일상적이기 때문에, 저자가 '3'에 관한 장에서 윌슨의 정리를 소개하고 '9'에 관한 장까지 합동 표기법을 언급하지 않을 것이라는 사실을 알게 된 어떤 수학자는 "그렇다면 당신이 합동에 대해 설명하지 않고 윌슨의 정리를 도대체 어떻게 서술할 수 있습니까?"라고 질문했다. 그러나 합동 표기법의 고안자가 태어나기 7년 전에 이미 윌슨의 정리는 다음과 같이 서술되었었다.

p가 소수이면,
$$\frac{1 \cdot 2 \cdot 3 \cdots (p-1)+1}{p}$$
은 자연수이다.

젊은 윌슨의 스승인 워링이 이 정리를 1770년에 발표했을 때, 그는 "이런 종류의 정리는 소수를 표현하는 표기법이 없기 때문에 증명하기가 매우 어려울 것이다."라고 지적했다. 가우스가 수학적 증명은 **표기법**이 아니라 **개념**에 의존한다는 취지의 날카로운 논평을 한 것은 바로 이 지적과 관련해서 한 말이었다. 오늘날 윌슨의 정리는 거의 변함없이

$$(p-1)!+1 \equiv 0 \pmod{p}$$

와 같이 합동 표기법으로 표현되고 이에 대한 가장 간단하고 가장 직접적인 (가우스 자신의) 증명이 합동에 근거하고

있지만, 개념은 표기법보다 더욱 중요하다.

그럼에도 불구하고, 합동의 역사에서는 개념과 함께 표기법이 중요성을 공유한다는 강력한 주장이 있다. 합동과 같이 세 개의 평행선으로 표현되는 형태의 관계는 서력 초기부터 알려졌다. '나누어 떨어진다'에 대한 기호 |를 사용해서, 합동을 수학적으로 나타내는 마찬가지로 간결한 방법이 있다.

$m \mid a-b$ 라는 말은 $a \equiv b \pmod{m}$ 이라는 말과 같다.

그러나 가우스가 수학적으로 함축적인 형태로 이를 표현하는 방법을 발견할 때까지, 오랫동안 알려졌던 이런 형태의 관계는 수를 연구하는 데 중요한 역할을 하지 못했다. 합동 기호인 세 개의 평행선은 등호를 암시하고, (모두 동치 관계인) 합동과 상등이 어떤 공통 성질을 갖고 있다는 점을 상기시킨다. 상등에 대한 다음 성질을 잘 알고 있다.

임의의 수 a에 대해 $a=a$이다.
$a=b$이면, $b=a$이다.
$a=b$이고 $b=c$이면, $a=c$이다.

상등 관계의 이런 성질을 각각 반사성, 대칭성, 추이성이라 부른다. 이 세 가지 모두는 또한 합동 관계의 성질이다.

임의의 수 a에 대해 $a \equiv a \pmod{m}$이다.
$a \equiv b \pmod{m}$이면, $b \equiv a \pmod{m}$이다.
$a \equiv b \pmod{m}$이고 $b \equiv c \pmod{m}$이면,
$a \equiv c \pmod{m}$이다.

유사한 기호로 강조된 합동과 상등 사이의 이런 유사점은 상등 관계로 시행되는 연산을 합동 관계로 시도해 볼 수 있음을 암시한다. 상등 관계를 다룰 때와 같이, 구거법의 과정에서 합동을 더하고 빼고 곱하는 방법을 이미 알아봤다. 대수적인 상등 관계를 다룰 때와 똑같은 방법으로 대수적인 합동 관계도 또한 다룰 수 있다. 그 결과는 통상 흥미롭다.

예를 들어, 다음과 같은 제곱수와 소수에 관한 기본적인 문제를 생각하자.

p가 홀수인 소수일 때, p의 배수보다 1만큼 작은 제곱수를 찾아라.

합동 표기법을 사용하면, 이 문제는 다음과 같은 문제로 좀더 간결하게 표현된다.

$x^2 \equiv -1 \pmod{p}$를 풀어라.

이 문제에 대한 일반적인 해를 구하기 전에, 우선 몇 개의 p의 값에 대해 이 문제를 풀어보고 싶을 것이다. 즉,

처음 몇 개의 홀수인 소수 3, 5, 7, 11, 13 의 배수보다 1 만큼 작은 제곱수를 찾아보고 싶을 것이다. 그러면 이런 소수 중 단 두 개에 대해 이 관계를 만족시키는 제곱수를 찾을 수 있을 것이며, 매우 빨리 발견할 수 있을 것이다.

이제, 이 문제의 일반적인 해를 찾아보자.

여기에서 설명할 수 없지만, 위의 합동 방정식이 해를 갖는 홀수인 소수들은 5 또는 13과 같이 반드시 $4n+1$ 꼴이어야 한다는 사실을 증명할 수 있다. 합동 표기법으로 다음과 같이 말한다.

$x^2 \equiv -1 \pmod{p}$은 $p \equiv 1 \pmod{4}$일 때만 풀 수 있다.

이 문제와 매우 밀접한 정리가 있는데, 그 정리는 수론에서 가장 자주 증명되는 명예를 누리고 있다. 서로 다른 여러 가지 방법으로 이 정리에 접근할 수 있다는 사실은 이것이 수들의 관계에서 기본적인 중요성을 갖고 있다는 점을 웅변적으로 대변한다. 여기에서 이것을 언급하는 이유는 이것이 합동 표기법에 의해 눈에 띄게 된 수들 사이의 특별한 형태의 관계에 대한 가장 좋은 본보기이기 때문이다.

이차 상호 법칙(law of quadratic reciprocity)이라 부르는 그 정리에 가우스는 '산술의 보석'이라는 별명을 붙였다. 한 때 가우스는 수학을 '과학의 여왕'이라 부르고 산술을 '수학의 여왕'이라 불렀기 때문에, 이것들을 종합하면 이차 상호 법칙이 과학의 최고 정점에 위치하게 된다.

가우스 이전의 수학자들도 이차 상호 법칙을 알고 있었다. 이것을 발견한 사람은 오일러였지만, 그 자신과 다른 어떠한 사람도 이것을 증명하지 못했다. 가우스는 오일러와 그 이외의 사람들의 연구에 대해 알지 못하던 18세 때 이 법칙을 독자적으로 재발견했다. 그는 이것의 아름다움을 즉시 발견했지만, 곧바로 증명할 수는 없었다. 그는 "이것은 일년 내내 나를 괴롭혔으며, 최선을 다해 열심히 노력했지만 해결할 수는 없었다."고 썼다. 마침내 그는 꽤 아름답고 간단한 형태로 이것을 증명했다. 당시 19세였다.

가우스는 이 산술의 보석을 증명한 뒤에도 여전히 이에 대단히 매료되었기 때문에, 평생 동안 여섯 가지의 또 다른 증명을 찾아냈다. 이 책을 쓰고 있는 현재, 이차 상호 법칙에 대한 증명은 100가지가 넘는다.

이 법칙의 '상호성'은 홀수인 서로 다른 두 소수 p와 q 사이에 존재하는 상호성이다. 이 법칙은 p와 q가 모두 $4n-1$꼴의 소수가 아니면 두 합동 방정식

$$x^2 \equiv q \pmod{p} \text{와 } x^2 \equiv p \pmod{q}$$

를 모두 풀 수 있거나 모두 풀 수 없다고 주장한다. p와 q가 모두 $4n-1$꼴인 경우에는 합동 방정식 중 하나는 풀 수 있고 나머지는 풀 수 없다.

이 법칙을 적용해서 어떤 특별한 형태의 합동 방정식의 가해성(可解性)을 결정해 본다면, 이 법칙의 효력을 알아볼

수 있고 감탄하게 될 것이다. 예를 들어,

$$x^2 \equiv 43 \pmod{97}$$을 풀 수 있는가?

이것은 97의 어떤 배수보다 43만큼 큰 제곱수의 존재 여부를 묻는 것과 똑같다.

43과 97 모두가 $4n-1$ 꼴의 소수는 아니므로, 이차 상호 법칙에 의해서 합동 방정식

$$x^2 \equiv 43 \pmod{97}$$

을 풀 수 있으면, 다음 합동 방정식도 또한 풀 수 있다.

$$x^2 \equiv 97 \pmod{43}$$

두 방정식은 생사를 함께 한다. 즉, 모두 풀 수 있거나 모두 풀 수 없다.

첫째 방정식의 가해성을 결정할 둘째 합동 방정식의 가해성을 결정하기 위해서, 97이 43보다 크므로 97을 43으로 나누어 축소하면 다음 합동 방정식을 얻는다.

$$x^2 \equiv 11 \pmod{43}$$

이것은 두 소수가 모두 $4n-1$ 꼴인 합동 방정식이다. 이차 상호 법칙에 의해서, 합동 방정식

$$x^2 \equiv 11 \pmod{43}$$

을 풀 수 있으면, 다음 합동 방정식을 풀 수 없다.

$$x^2 \equiv 43 \pmod{11}$$

43이 11보다 크므로, 앞에서와 같이 둘째 방정식을 축소한다. 이것은 다음과 같이 친숙한 합동 방정식으로 환원된다.

$$x^2 \equiv -1 \pmod{11}$$

이것은 몇 쪽 앞에서 본 문제와 똑같음을 알 수 있다. 즉, p가 홀수인 소수일 때 p의 배수보다 1만큼 작은 제곱수를 찾는 문제와 같다. 위에 표현된 합동 방정식은 소수가 $4n+1$ 꼴인 경우에만 풀 수 있다는 이런 문제에 대한 답을 상기하자. 11은 $4n-1$ 꼴이므로, 위의 합동 방정식을 풀 수 없다.

이제 원래의 합동 방정식으로 되돌아 갈 수 있다.

$x^2 \equiv 1 \pmod{11}$을 풀 수 없기 때문에, 이차 상호 법칙에 의해 $x^2 \equiv 11 \pmod{43}$은 풀 수 있다. $x^2 \equiv 11 \pmod{43}$을 풀 수 있으므로, $x^2 \equiv 97 \pmod{43}$을 풀 수 있고, 따라서 이차 상호 법칙에 의해서 원래의 합동 방정식 $x^2 \equiv 43 \pmod{97}$을 풀 수 있다.

합동 방정식에 대한 해를 구체적으로 찾지는 않았다. (구체적인 해를 찾는 것이 해의 존재성을 증명하는 것보다 종종 더 어렵지만, 그렇게 흥미롭지도 못하다.) 그렇지만 이 특별한 합동 방정식의 경우에는 공교롭게도 간단한 조사를 통해 수치적인 해를 찾을 수 있다. 합동 방정식

$$x \equiv \pm 25 (\text{mod } 97)$$

은 97의 배수와 25만큼 차이가 나는 임의의 x를 제곱하면 97의 배수보다 정확하게 43만큼 크게 된다는 사실을 의미한다. x에 대한 가장 작은 양수 값은 25인데, 독자는 $x=25$로 원래의 합동 방정식을 검사해 보는 데 흥미를 가질 것이다.

이런 합동 방정식에 대한 해는 방정식에 대한 해와 상당히 비슷해 보이지만, 중요한 차이점이 있다. 해로서 25를 가진 $x^2-625=0$과 같은 방정식의 경우에는 무수히 많은 정수 중에서 x에 대입했을 때 등식을 성립시키는 정수가 단 두 개가 존재한다. 그것은 +25와 -25이다.

한편, 방금 푼 합동 방정식의 경우에도 두 개의 해가 있다고 말하지만, 각 해는 실제로 다음 합동 방정식을 만족시키는 무수히 많은 수치적인 값을 의미한다.

$$x^2 \equiv 43 \ (\text{mod } 97)$$

이 합동 방정식에서 x는 97의 어떤 배수와 25만큼 차이가 나는 **임의의** 양수 또는 음수가 될 수 있다.

이렇게 무수히 많은 값을 단순히 두 개라고 말할 수 있는 것은 합동의 개념으로부터 얻은 수에 대한 새로운 시각을 반영한다. 통상, 수들을 볼 때 그것들이 서로 다르게 보일 수 있는 방법을 찾기 위해서 가능한 한 가까이 접근하려고 시도한다. 그렇지만 합동을 사용해서 수들을 볼 때는 수들로부터 멀리 떨어진다. 그러면 갑자기 수들이 그렇게 달라 보이지는 않는다. 몇 쪽 앞에 있는 합동 방정식의 해와 같이, 무수히 많은 수를 '똑같은' 수로 볼 수 있다. 그것들은 같은 법에 관해 두 수 중 하나와 합동이기 때문에, 그것들을 무수히 많은 수가 아닌 두 개의 수로 생각할 수 있다.

이것은 시사하는 바가 많은 변환이다.

1을 한없이 늘어놓듯이 매우 규칙적이고 예측 가능하게 보이는 수들에 대한 이런 변환이 가능하다면, 무엇이 불가능하겠는가?

독자를 위한 문제

합동 방정식 $x^2 \equiv 2 \pmod{p}$를 풀 수 있는가? 이 합동 방정식의 해와 이번 장에서 설명한 합동 방정식 $x^2 \equiv -1 \pmod{p}$의 해에 대한 지식 및 이차 상호 법칙을 함께 사용하면, 임의의 합동 방정식 $x^2 \equiv a \pmod{p}$의 가해성을 결정할 수 있다.

합동 방정식

$$x^2 \equiv 2 \pmod{p}$$

를 풀 수 있는 조건을 찾아내기는 쉽지 않지만, 독자는 처

음 몇 개의 제곱수

$$0, \ 1, \ 4, \ 9, \ 16, \ 25, \ 36, \ 49, \ 64, \ 81$$

과 처음 몇 개의 홀수인 소수

$$3, \ 5, \ 7, \ 11, \ 13, \ 17, \ 19, \ 23, \ 29, \ 31$$

에 대해서 구체적으로 합동 방정식을 조사해 봄으로써 그런 조건을 추측할 수 있을 것이다.

답

$p \equiv \pm 1 \pmod 8$일 때 합동 방정식 $x^2 \equiv 2 \pmod p$를 풀 수 있고, 따라서 한편 소수 중 7, 17, 23, 31 등에 대해 풀 수 있다. 그리고 $p \equiv \pm 3 \pmod 8$일 때는 풀 수 없으며, 따라서 3, 5, 11, 13, 19, 29 등에 대해 풀 수 없다.

e

자연수에 관한 모든 것이 여기에 있다. 자연수 사이의 모든 관계는 0부터 시작해서 무한으로 이어지는 하나씩 차이가 나는 질서 정연한 수열 내에 내재되어 있다. 겉으로 나타나는 단순한 양식을 누구나 쉽게 추측할 수 있지만, 증명을 통해 입증하기는 종종 어렵거나 불가능할 수도 있다. 더욱 난해하고 더욱 복잡한 양식은 매우 깊은 곳에 위치하기 때문에, 아주 뛰어난 사람만이 알아낼 수 있다. 그렇지만 우리가 0, 1, 2, 3, …과 같이 시작할 때 모든 것은 은연중에 내포되어 있다.

그런데 가장 완강하게 보호된 자연수의 비밀 중 하나인 소수의 일반적인 분포 문제가 똑같은 의미에서 전혀 자연스럽지 않은 수를 통해 해결해야 한다는 사실은 매우 놀랍다.

그 수는 수학자들이 **오일러의 수**(Euler's number) 또는 좀더 간단하게 e 라고 부르는 것이다. 이것은 정수들의 유한한 조합으로는 결코 표현할 수 없는 수이다. 이것은 그리스 사람들이 수에 대한 연구를 시작한 이후 거의 2000년 동안 공식적으로는 존재하지 않았던 수였다. 이것은 대단히 부자연스럽게 보이지만, 어떠한 자연수보다도 자연과 더 밀접한 관계를 가진 수이다.

    수학자들이 이렇게 매우 흥미로운 수 e 에 관한 이야기와 e 에 대한 지식을 사용해서 무수히 많은 자연수에 대한 무수히 많은 소수의 매우 심오하고 매우 중요한 관계를 발견할 수 있었던 방법은 아마도 수론의 25세기 동안의 역사에서 가장 놀라울 것이며, '무엇이 수를 흥미롭게 만드는가' 라는 책에 포함되기에 적절할 것이다.

    e 의 정확한 수치적 표현에 접근할 수 있는 최선은 다음과 같은 유명한 계승 급수이다.

$$e = 1 + \frac{1}{1!} + \frac{1}{2!} + \frac{1}{3!} + \frac{1}{4!} + \frac{1}{5!} + \frac{1}{6!} + \frac{1}{7!} + \cdots$$

수를 무한 급수의 합으로 표현하는 것을 처음에는 이상하다고 생각할 수 있지만, 실제로 우리는 매일 이와 같이 하고 있다. 소수 0.333333…은 수 1/3 에 대한 바로 그와 같은 무한 급수의 친숙한 표현이다.

$$\frac{1}{3} = \frac{3}{10^1} + \frac{3}{10^2} + \frac{3}{10^3} + \frac{3}{10^4} + \frac{3}{10^5} + \frac{3}{10^6} + \frac{3}{10^7} + \cdots$$

머릿속의 수직선 위에서 지시된 덧셈(3/10 + 3/100 + 3/1000 +⋯)을 시행하면, 점 1/3에 원하는 만큼 가까이 접근할 수 있지만 정확하게 도달하거나 초과할 수 없다는 사실을 직관적으로 인식하게 된다. 이와 똑같은 방법으로, e에 대한 급수의 항을 더 많이 더할수록 e의 정확한 값에 더욱더 가까이 접근할 수 있다. 1/3이 무한 급수의 합이듯이, e의 정확한 값은 위에 나타낸 무한 급수의 합이다.

e에 대한 급수로부터 원하는 만큼 많은 자리까지 이 수에 대한 소수 전개를 얻을 수 있다. 다음과 같은 방법으로 진행한다.

1을 택한다. 다음에 다시 1을 택하고 1로 나눈 몫, 즉 1을 택한다. 그리고 이 값을 2로 나눈 몫 0.50000을 택한다. 그리고 이 값을 3으로 나누고 그 몫을 택한다. 또다시 그 값을 4로 나누고 이와 같이 계속한다. 9까지의 모든 수로 나누고 이때까지의 모든 몫을 더하면, 반올림해서 얻은 소수점 아래 여섯째 자리까지의 e를 얻는다.

1.000000
1.000000
0.500000
0.166667
0.041667
0.008333

$$
\begin{array}{c}
0.001389 \\
0.000198 \\
0.000025 \\
0.000003 \\
\hline
e = 2.718282
\end{array}
$$

이런 과정이 근거하고 있는 계승 급수와 같이, 이를 한없이 계속할 수 있다. 그러나 e의 소수 전개와 무한 급수의 합으로서의 이 수에 대한 표현 사이에는 차이점이 있다. 급수의 n째 항을 언제나 예상할 수 있지만(그것은 $1/(n-1)!$ 이다), e의 소수 전개에서 n째 자리에 나타날 숫자를 미리 알 수 있는 방법은 전혀 없다. 이런 점에서 수 e는 1/3과 다르고 다른 유리수와 다르다. 왜냐하면 유리수는 적어도 어떤 점 이후에는 규칙적이고 예측 가능한 양식에 따라 반복되는 소수로 언제나 표현될 수 있기 때문이다. 따라서 수 e는 유리수가 아니며, 수학자들이 **무리수**라고 부르는 것이다.

이렇게 겉으로 보기에 수답지 않은 수에 대한 가장 피상적인 지식이라도 얻기 위해서는, 피타고라스 학파가 수 1, 2, 3, …로부터 과학은 물론이고 철학과 종교를 확립했던 시대 이래 이루어진 수 개념의 많은 확장과 관련해서 e를 조사해야 한다.

피타고라스 학파는 이런 수에 의해 만물이 '지배된다'고

믿었다. 그들은 자연수로 측정할 수 없는 이를테면 길이가 있음을 인식했지만, 1/3, 7/5 등과 같이 자연수의 비를 사용해서 언제나 그런 길이에 수를 대응시킬 수 있다고 확신했다. 달리 표현하면, 모든 가능한 길이를 어떤 거대한 측정선 위의 점으로 표현한다고 생각하면, 그 선 위의 모든 가능한 점에 대응하는 '수'는 자연수 또는 자연수의 비라고 그들은 생각했다.

기원전 4세기경, 자연수와 자연수의 비 중에서 단위정사각형의 대각선을 정확하게 측정할 수 있는 '수는 존재하지 않는다'는 사실을 발견하고 증명했을 때, 이 이론에 치명타가 가해졌다.

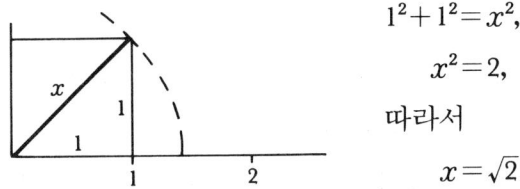

$$1^2 + 1^2 = x^2,$$
$$x^2 = 2,$$
따라서
$$x = \sqrt{2}$$

그들은 먼저 두 자연수 a와 b의 비 a/b가 존재해서 $(a/b)^2$이 2와 같게 된다고 가정하고, 다음에 이 가정이 불가능한 상황에 논리적으로 귀결되기 때문에 틀림없이 잘못되었음을 보임으로써, 위의 사실이 옳음을 증명했다.

그리스 사람들은 비마저도 실제로는 결코 '수'로 생각하지 않았기 때문에, $\sqrt{2}$와 같이 비도 아닌 것이 수가 될 수 있으리라고는 결코 상상할 수도 없었다. 그들이 발견한 사실로부터 얻은 결론은 어떠한 수도 대응하지 않는 길이가 존재하고 기하학의 연구가 더 좋을 것이라는 점이었다. 기하학에서 그들은 단위 정사각형의 대각선에 대응하는 수를 자신들의 수학에서 사용할 수 있기 전까지는 그와 같이 대응시킬 필요가 없을 것이다.

(수 e에 관한 가장 특이한 사실 중 하나는, 이것이 수직선 위에서 0으로부터 일정한 거리를 나타낸다는 것을 알고 있고 이것이 표시되는 점까지 원하는 만큼 정확하게 접근할 수 있지만 수학의 전통적인 도구들을 사용해서 정확하게 길이 e를 가진 선분을 실제로 작도할 수 없다는 사실이다. 이것은 그리스 사람들이 높이 평가할 만한 모순인데, 그들은 단위 정사각형의 대각선에 대응하는 수를 만들 수 없었지만 그에 대응하는 선분을 작도할 수는 있었다.)

결국 수학자들이 수의 연구를 다시 시작하게 만든 것은 그리스답지 않은 대수학의 발달이었다. 수학자들은 0과 음수의 발견과 함께 양 방향으로 한없이 연장되는 수직선을 생각할 수 있었다. 16세기 초, 소수의 발명은 수학자에게 (단위 정사각형의 대각선의 길이를 포함해서) 수직선 위에서 생각할 수 있는 모든 점에 대한 수치적인 표현을 가능하도록 했다. 음수는 원점(0)에서 왼쪽의 길이를 표시하고 양수는 오른쪽의 길이를 표시했다. 음과 양의 유리수는 정수 자체를 포함해서 정수의 비로 표현될 수 있는 길이를 표시했다. 무리수는 이런 것 이외의 길이 또는 점을 표시했다. 유리수는 (1/3 또는 1/7과 같이) 순환하는 무한 소수이거나 (1/5과 같이) 유한소수이다. ($\sqrt{3}$ 또는 $\sqrt{7}$가 같은) 무리수는 순환하지 않는 무한 소수이다.

이것은 대단히 명백하게 보였다. 수직선 위의 각 점에 대응하는 수가 있고, (무리수의 정의에 의해) 수가 대응하지 않는 점 또는 점이 대응하지 않는 수는 존재할 수 없었다. 당시의 수학자들은 그리스 사람들에게 $\sqrt{2}$가 의심스럽게 보였던 것보다 수로 생각하기에 더욱 의심스럽게 보이는 어떤 양을 수로 사용하기 시작했기 때문에, 수직선 위의 점과 일대일 대응 관계에 놓일 수 있는 이런 수에 **실수**라는 이름을 붙였다.

방금 말한 수로 생각하기에 더욱 의심스러운 양은 수학자들이 '-1의 제곱근'이라고 불렀던 '허구'(fiction)의 개념에 의존하고 있었다. 그들은 이런 허구를 사용해서 이미 마음대로 다룰 수 있었던 모든 실수를 사용해도 풀리지 않는 방정식을 풀 수 있다는 사실을 발견했다. 그런 방정식 중 하나는 다음과 같다.

$$x^2+1=0$$

여기에서 x^2이 -1이 되어야 한다는 사실은, 즉 x는 제곱을 했을 때 -1이 되는 어떤 수가 되어야 한다는 사실은 명백하다. 임의의 양수 또는 음수를 제곱하면 양수가 되기 때문에, 이런 수가 존재할 수 없다고 그들은 모두 동의했다. 그러나 이렇게 불가능한 수가 존재한다면 수학적으로 매우 유용할 것이라는 사실에도 또한 그들은 동의했다. 그래서 그들은 음수의 제곱근을 표현하기 위해 i를 사용하기 시작했고, 음수의 제곱근을 **허수**(imaginary number)라고 불렀다. 수 i까지의 확장은 모든 대수 방정식의 근을 찾는 데 필요한 마지막 작업이었다.

이 때에 이르러 모든 새로운 양이 수로 사용되었지만, e라고 부르는 순환하지 않는 무한 소수 2.7182818…로 표현되는 양은 특별한 관심을 전혀 끌지 못하고 있었다. 그러나 이 수는 하나의 실수로서 어떤 특별한 점을 표시하며 수직선 위에 절대적으로 확실하게 '존재'했다. 이 수는 2와 3 사이 또는 2.7과 2.8 사이 또는 2.71과 2.72 사이 어딘가에 존재했다.

17세기 초 로그가 발견된 뒤에야 2.7182818…로 표현되는 값은 이른바 자연 로그의 밑으로서 가장 흥미로운 수의 하나로 인식되었다.

머치스톤(Merchiston)의 영주 네이피어(John Napier, 1550-1617)가 발견한 로그의 원리는 곱셈을 덧셈으로 변환시킴으로써 매우 거대한 수를 계산하는 부담을 엄청나게 줄였다. (네이피어 자신은 천문학의 계산 문제에 특히 관심을 갖고 있었다.) 이것은 "왜 나는 이것을 미리 생각해내지 못했을까?"라고 자문해 볼 만한 발견 중 하나인데, 이런 느낌을 브리그스(Henry Briggs, 1556-1631)보다 더 잘 표현할 수는 없을 것이다. 브리그스는 옥스퍼드 대학교의 기하학 교수였는데, 로그의 발견자를 처음 본 수간 감격해서 다음과 같이 말했다.

"각하, 저는 당신을 만나보기 위해서 그리고 천문학에서 가장 훌륭한 도움을 주는 로그를 어떠한 기지와 독창적으로 당신이 발견하게 되었는지를 알아보기 위해 이 긴 여행을 시작했습니다. … 그러나, 각하, 이제는 누구나 이것이 매우 쉽다는 것을 알게 되었지만, 당신이 발견해 내기 전까지는 아무도 이것을 발견하지 못했었다는 점을 저는 의아하게 생각하고 있습니다."

지수 계산이 매우 간단하다는 사실을 익히 알고 있다. 예를 들면, 주어진 수의 거듭제곱들의 곱은 지수들을 더함으로써 얻을 수 있다. 그래서 $10^{15} \times 10^{23}$ 은 단순한 덧셈 문제 $15+23$ 이 되어 곱 10^{38} 을 얻는다. 로그의 원리를 사용하면, 모든 수를 똑같은 밑을 가진 거듭제곱수로 바꿀 수 있다. 그래서 10 은 10^1 이고 10 의 거듭제곱이 아닌 11 은 근사적으로 $10^{1.0414}$ 이며 12 는 $10^{1.0792}$ 이다. 이를테면 11.5 를 근사적으로 $10^{1.0607}$ 과 같이 표현하기 위해서 로그의 원리를 소수까지 확장시킬 수 있다.

수학적으로, 방금 시행한 조작은 로그의 원리를 구체화시킨 다음과 같은 두 개의 간단한 공식으로 표현된다.

$$x = 10^y, \qquad y = \log_{10} x$$

로그의 용어는 다음과 같이 자연스럽게 정의된다.

$10 = 10^1$ 이므로, 1 은 10 의 로그이다.
$11 = 10^{1.0414}$ 이므로, 1.0414 는 11 의 로그이다.

로그 계산은 원래 로그의 밑으로 10 을 사용했는데, 이것은 가장 '자연스럽게' 보인다. 그렇지만 이 책에서 이미 알아본 대로, 밑으로서의 10 에는 수학적으로 자연스러운 점이 전혀 없다. 밑 10 을 자연스럽게 만드는 것은 자연수 자체의 어떤 성질이 아니라 인간이 열 손가락을 가지고 태어났다는 사실로부터 나온다. 분석적인 연구를 하는 수학자와 미적분학과 관련된 모든 종류의 계산을 하는 공학자에게 10 보다 e 를 로그의 밑으로 사용하는 것이 훨씬 더 자연스럽다. 이런 이유에서 e 를 **자연 로그의 밑**이라고 부른다.

로그를 사용한 계산의 편리함 때문에, 로그는 300 년 이상 동안 실용적인 방법으로 수를 이용하는 사람들에게 절대 필요한 도구였다. 컴퓨터의 발명과 확산으로 로그와 로그표 및 계산자는 한 시대의 유물이 되었다. 그러나 자연 로그는 예전과 같이 여전히 중요하다.

e 가 수학적으로 자연스럽다는 대부분의 이유를 이런 형태의 책에서 설명하기는 너무 전문적이지만, 하나의 예가 밑 10 보다 밑 e 가 수학적으로 더 자연스러운 사실을 예시할 것이다.

1 과 매우 작은 양 x 만큼 차이가 나는 임의의 작은 수

$(1+x)$의 로그가 x 자체와 거의 같게 되는 그런 수를 밑으로 선택하기 원한다고 하자. 그런 로그는 매우 작은 수의 계산을 대단히 간단하게 만든다. 그렇다면 밑으로 어떤 수를 선택할 수 있을까? 이에 대한 답은 예상할 수 있던 것이 아니다. 놀랍게도, 위의 조건을 만족시키는 밑을 위한 최적의 수는 (우리에게) 전혀 가능성이 없어 보이는 수 e 라는 사실을 결론적으로 증명할 수 있다.

아래 도표는 1과 겨우 1/100씩 차이 나는 몇 개의 수들의 밑 e 와 밑 10에 대한 로그 사이의 차이를 보여준다.

	1.00	1.01	1.02	1.03	1.04	1.05
$\log_e$	0.0000	0.0100	0.0198	0.0296	0.0392	0.0488
$\log_{10}$	0.0000	0.0043	0.0086	0.0128	0.0170	0.0212

이 도표로부터 $\log_e 1.01$ 은 1과 1.01 사이의 차와(소수점 아래 넷째 자리까지) 정확하게 같고 0.0198인 $\log_e 1.02$ 는 0.02와 거의 같음을 알 수 있다. 한편, $\log_{10} 1.01$ 은 0.0043일 뿐이다. 수학적으로 말하면, $\log_e (1+x)$ 는 매우 작은 x 에 대해 1 곱하기 x, 또는 x 자신과 근사적으로 같지만, $\log_{10} (1+x)$ 는 0.43 곱하기 x 와 근사적으로 같다. 분명히 0.43 보다 1을 사용한 계산이 훨씬 더 자연스럽기 때문에, 매우 작은 수를 계산하기 위해서는 밑이 e 인 자연 로그를 사용하고 상용 로그의 밑인 10을 사용하지 않는다.

그러나 수 e 는 단순히 수학적으로만 자연스러운 것이 아니다. 로그의 밑으로 이 수에 대한 정의는 10을 밑으로 하는 일상 생활로부터는 유리되어 있고 수로서 이것의 성격은 자연수 모두와 다르지만, 이것은 자연 자체의 일부로서 가장 친밀한 수이다. 성장하고 쇠퇴하는 생명의 기본적인 과정은 수학자들이 '지수 함수'라고 부르는 것으로부터 발생한 곡선 또는 일반적으로 방정식 $y=e^x$에 의해 결정되는 곡선에 의해 수학적으로 가장 정확하게 표현된다. 그래서 수 e는 확률과 통계, 생물학과 물리학, 탄도학, 공학, 재정학 등 수학의 다양한 응용 분야에서 대단히 중요하다.[1]

오늘날 일반적으로 불리는 이름이 붙여지기 오래 전에 수 2.7182818…은 수학적인 자연 로그의 밑으로 인정되었다. 상트 페테르부르크의 궁전에 활동하고 있던 21세의 젊은 오일러는 '대포 사격에 관한 최근의 실험에 대한 고찰' (Meditation upon Experiments made recently on the firing of Cannon)이라는 제목이 붙은 논문에서 알파벳을 이용한 이름을 처음으로 제안했다.

그는 "로그 값이 1이 되는 수를 e로 쓰자. …"라고 썼다.

e는 '오일러의 수'로 종종 인용되고 그 위대한 수학자 이름의 첫 글자를 항상 연상시키지만, 그는 아마도 완전히

---
1. 이런 실용적인 응용에 대해 좀더 알고 싶은 독자는 쿠랑(Richard Courant)과 로빈스(Hevert Robbins)의 공저 수학이란 무엇인가? (*What Is Mathematics?*, Oxford University Press)를 참조하라.

다른 이유에서 이것을 선택했을 것이다. e는 a의 바로 다음에 오는 모음인데, 그는 통상 일반적인 로그의 밑을 나타낼 때 a를 사용했었다. (오일러는 또한 허수(imaginary)에 대한 축어적인 이름으로 i를 사용했다.)

그렇지만 '오일러의 수'는 수 e에 대한 가장 적절한 이름이다. 아마도 수학사에서 어떤 한 사람과 어떤 한 수 사이에 이보다 더 큰 친근감을 보인 적은 없었을 것이다. 오일러는 e를 소수점 아래 23째 자리까지 계산했는데, 이는 당시로서는 분명히 애정 어린 작업이었을 것이다.

$$e = 2.71828182845904523536028\cdots$$

그는 무한 연분수를 사용해서 이 수를 몇 가지 방법으로 매우 간단하게 표현했다. 예를 들면, 다음과 같다.

$$e = 2 + \cfrac{1}{1 + \cfrac{1}{2 + \cfrac{2}{3 + \cfrac{3}{4 + \cfrac{4}{5 + \cfrac{5}{6 + \cdots}}}}}}$$

$$e = 2 + \cfrac{1}{1 + \cfrac{1}{2 + \cfrac{1}{1 + \cfrac{1}{1 + \cfrac{4}{4 + \cfrac{1}{1 + \cdots}}}}}}$$

모든 분자가 1이기 때문에 단순 연분수라고 불리는 둘째 예를 다음과 같이 좀더 간단하게 표현할 수 있다.

$$e = [2, 1, 2, 1, 1, 4, 1, 1, 6, 1, 1, 8, 1, \cdots]$$

(위의 예를 사용한 e의 계산에 흥미 있는 독자는 이번 장의 끝에 있는 문제에서 설명된 방법을 이용할 수 있다.)

이전의 발견으로부터 수학 전체에서 가장 유명한 공식을 발견한 사람도 또한 오일러였다. 그 공식은 세 개의 매우 특별한 수 e, i, π와 두 개의 특별한 자연수 0과 1 사이에 존재하는 관계를 다음과 같이 표현한다.

$$e^{\pi i} + 1 = 0$$

단순하고 세련된 이 공식에 대한 반응은 다양하다. 미국 수학자 퍼스(Benjamin Peirce)는 하버드 대학교의 한 강의에서 "학생 제군 여러분, … 우리는 이것을 이해할 수 없습니다. 그리고 우리는 이것이 의미하는 바를 알 수 없습니다. 그러나 우리는 이것을 증명했습니다. 따라서 우리는 이것이 틀림없이 진실임을 알고 있습니다."라고 말했다. 어떤 수학자는 장난으로 이 유명한 공식을 가능하게 만든 수로서 e를 정의했다.

오일러의 시대에 이르러, 데카르트에 의한 해석 기하학의 발견과 뉴턴과 라이프니츠에 의한 미적분학의 독립적인 발견은 수학의 전통적인 경계를 먼 곳까지 확장시켰으며 대단히 새로운 영역을 개척했다. 산술, 대수학, 기하학에 **해석학**이 추가되었다. 해석학에서 가장 중요한 단 하나의 수는 의심할 바 없이 오일러의 수 e이다. 오일러가 이 새로운 분야의 대가였기 때문에 '해석학의 화신'이라고 묘사되었다는 점에서도 또한 이는 적절하다.

해석학에서 e의 정의에 대한 매우 다른 접근 방법을 발견하게 된다. 자연수의 '신이 준' 단순한 성격과 i와 같이 속직히 말해서 창조된 수의 '인공적인' 성격을 생각해 볼 때, 수는 매우 복잡해 보인다. 수 e에 대해 어떤 점에서 어떤 곡선 아래의 넓이로 정의되며, 그 점을 수 e라고 부른다.

확실히 그런 수는 0, 1, 2, 3, …과 전혀 관계가 없을 수 있다. 그러나 곧 알게 되듯이, e는 그런 수와 상당히 밀접한 관계를 맺고 있다.

e에 대한 해석적인 정의를 위해 필요한 곡선은 세로 좌표, 즉 y-좌표가 가로 좌표, 즉 x-좌표의 역수인 모든 점을 좌표 평면에 표시함으로써 결정된다. 다시 말해서, $y=1/x$를 만족시키는 모든 점 (x, y)로 결정된다. x-측 위의 자연수에 대응하는 점만을 표시해도, 그 곡선의 윤곽을 알 수 있다.

이 그림으로부터, x-축 위의 각 실수에 대해 이것의 역수를 취한 y-좌표를 가진 점을 표시함으로써, 연속적인 곡선

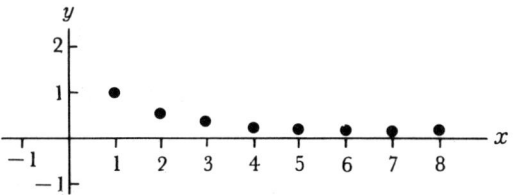

을 만들 수 있다는 사실을 쉽게 알 수 있다. 그러면 수 e 는 이 곡선 및 1과 x 사이의 이 곡선 아래 부분의 넓이의 관계에서 정의된다.

x-축에 두 개의 수선을 세워 이 영역을 표시했다고 가정하자. 이 영역의 왼쪽 경계는 점 1이고 오른쪽 경계는 다른 어떤 점 x이다. 오른쪽 수직 경계도 또한 $x=1$에 세우면, 그 곡선 아래의 넓이는 명백히 0이다. 그러나 x 또는 수직 경계를 오른쪽으로 더 멀리 이동시키면, 그 곡선 아래의 넓이는 더욱 커지게 된다.

여기에서 수 e의 해석적 정의가 무엇에 의존하는지를 묻게 된다. x-축 위의 어떤 점에서 수선을 세워야 1과 x 사이의 그 곡선 아래의 넓이가 정확히 1이 되게 할 수 있을까? 그 점의 위치를 찾아내는 것이 아니라 그 점에 이름을 붙임으로써, 수학자들이 즐겨 사용하는 방법으로 이 질문에 답하겠다. 그 넓이가 정확하게 1이 되는 x-축 위의 점을 **수 e라고 정의한다.**

1과 x 사이의 곡선 아래의 넓이는 밑 e에 대한 실수 x

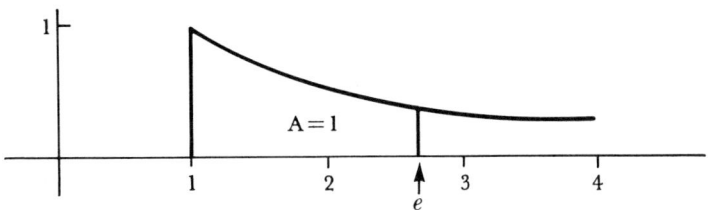

의 로그 값이다.[2]

$\log_e x$ 와 수 x 보다 작은 소수의 개수 사이에 밀접한 관계가 있다는 것은 수학 전체에서 전혀 예상하지 못했던 사실 중 하나였다.

그렇지만 이 관계를 설명하기 전에 자연수를 다시 생각해보자. 각 자연수는 앞선 수로부터 1만큼 떨어져 있고 뒤진 수로부터 1만큼 떨어져 있으며, 0부터 시작해서 한없이 계속된다. 첫번째 큰 놀라움을 상기하자. 그것은 이렇게 단순하고 규칙적인 수열에서 수들은, 분명히 매우 불규칙적인 방법으로, 나눌 수 없는 소수와 나눌 수 있는 합성수의 두 가지 매우 다른 종류의 수로 분류된다는 사실이었다. 두 번째 놀라움은 나눌 수 없는 소수는 자연수와 마찬가지로 한없이 계속된다는 사실이었다. 왜냐하면 상식적으로는 수가 충분히 크면 그것보다 작은 어떤 수로 틀림없이 나누어 떨어질 것이라고 분명히 예상하기 때문이다. 처음부터 임의의 합성수가 소수로 생성될 수 있다는 사실은 언제나 명백했지

---

2. e 는 다음과 같이 실제적인 방법으로도 특성화시킬 수 있다. 연리 100%로 1달러를 복리로 연속적으로 계산하면, 1년 뒤에 2.72달러, 즉 e 달러를 얻게 된다.

만, 임의의 수는 소수들의 단 한 가지 결합으로 생성될 수 있다는 사실이 세 번째로 큰 놀라움이었다.

이런 몇 가지 예는 수 0, 1, 2, 3, …이 대단히 놀랍다는 사실을 일깨워주기에 충분하다. 그렇지만 이미 지적한 이런 관계는 모두 하나의 공통점을 갖고 있다. 수학자들은 자연수 자체를 조사함으로써 이런 관계를 추측했고, 자연수 체계의 수학적 성질을 이용해서 이런 관계를 증명했다. 여기에서 e는 고려되지 않았으며, 사실 필요하지도 않았다.

그런데 이제 다른 종류의 문제에 직면해 있다. 자세히 관찰하면, 소수가 극히 불규칙으로 나타남을 알고 있다. 1, 3, 7, 9로 끝나는 수가 주어졌을 때, 그것의 소수 여부를 즉시 판별할 수 없다. 이미 알려진 소수가 주어졌을 때, 그 다음 소수가 무엇인지를 알 수도 없다. 값의 차가 2인 소수들의 쌍이 어떤 점 이후에는 존재하지 않는다고 결코 증명할 수는 없었지만, 단 하나의 소수도 포함하고 있지 않은 원하는 만큼 많은 연속된 수들의 거대한 (소수) 사막이 존재한다는 사실을 알고 있다. 또, 소수가 한없이 계속되지만 점점 더 희박해지기 때문에, 소수가 무수히 많더라고 거의 모든 수는 소수가 아니라고 역설적으로 말할 수 있다는 사실도 지적했다.

미시적으로는 불규칙한 소수 사이에서, 거시적인 어떤 규칙성을 발견하게 된다. 소수 출현의 감소는 느리고 고르게 이루어진다. 처음 100개의 수 중 25개, 처음 1,000개의 수 중 168개, 처음 10,000개의 수 중 1,229개, 처음 100,000개의 수 중 9,592개의 소수가 있다. 그렇다면 이런 감소의 양식은 무엇인가?

몇 쪽 앞에서 그린 곡선 $y=1/x$ 아래의 1과 x 사이의 넓이와 소수의 느리고 고른 감소 사이에 존재하는 놀라운 관계를 처음으로 인식한 사람은 수 사이의 양식에 대한 날카로운 눈을 가지고 있던 가우스였다. 그가 추측한 사실은 **소수 정리**(prime number theorem)로 불리게 되었는데, 이 정리는 현대 수학에서 자연수에 관해 발견된 가장 중요한 사실이었다.

이 위대한 정리의 내용을 이해하기 위해서(불행하게도 증명을 이해하기는 너무 어려운데), 주어진 수 x 보다 작은 소수의 밀도를 측정하는 문제를 먼저 고려해야 한다. 처음 열 개의 수 중에는 네 개의 소수 2, 3, 5, 7이 있다. 10보다 작은 소수의 밀도를 4/10 또는 0.4로 표현할 수 있다. 처음 100개의 수 중에는 겨우 25개의 소수가 있으므로, 소수의 밀도는 0.40에서 25/100 또는 0.25로 떨어진다. 수에 대한 조사를 계속하면, 처음 1,000개의 수를 지나면서 밀도가 168/1000이 됨을 알 수있다. 그래서 소수의 밀도는 0.40에서 0.25로 그리고 0.168로 떨어진다. 가우스의 관찰 결과는 이 비가 $1/\log_e x$ 에 점점 더 가까워진다는 사실이었다. 이 관계를 다음과 같이 완전히 기호로 나타낼 수 있다.

$$\frac{\pi(x)}{x} \sim \frac{1}{\log_e x}$$

여기에서 $\pi(x)$는 주어진 수 x보다 작은 소수의 개수를 나타내고 비 $\pi(x)/x$는 소수의 밀도를 의미하며 기호 $\sim$는 두 비가 점차로 같아짐을 나타낸다. 그리고 비 $1/\log_e x$은 밑이 e인 x의 자연 로그의 역수이다.

이 관계가 소수 정리인데, 일반적으로 다음과 같은 방법으로 표현된다.

$$\lim_{x \to \infty} \frac{\pi(x)}{x/\log_e x} = 1$$

아래의 표와 같이 주어진 x보다 작은 소수의 밀도를 구체적으로 구하고 $1/\log_e x$로 계산된 근사값과 비교해 봄으로써, 이 식의 정확도가 증가함을 명확히 보일 수 있다.

$x=$	실제 밀도 $\pi(x)/x$	근사 밀도 $1/\log_e x$
1,000	0.168	0.145
1,000,000	0.078498	0.072382
1,000,000,000	0.050847478	0.048254942

이 정리의 증명이 극도록 어렵다는 것은, 이해하는 것도 충분히 어려운데, 이를 추측했던 가우스조차도 증명할 수 없었다는 사실이 밝혀준다. 가우스의 마지막 제자 중 한

사람인 리만(G.F.B. Riemann, 1826-1866)은 겨우 39세에 죽었지만 상대성 이론에 대한 수학적 기초를 다졌으며, 33세에 작성한 간결하면서도 훌륭한 논문에서 소수 정리를 공략하는 개략적인 방법을 제시했다. 리만도 역시 이를 증명하지는 못했다.

이 책에서 알아봤던 소수에 관한 다른 정리와 소수 정리는 가장 중요한 점에서 서로 다르다. 예를 들면 소수의 개수는 무한하다는 유클리드의 훌륭한 증명은 자연수로부터 직접 나타나기 때문에, 작은 소수들에 대해 약간의 계산을 할 수 있는 사람이면 누구나 이것의 진실성을 확신할 수 있다. 그러나 아무리 많은 계산도 똑같은 방법으로 소수 정리의 진실성을 확신시킬 수 없다. 하디가 말한 대로, "증명하지 않고는 이 사실을 결코 확신할 수 없다." 그리고 이 증명은 유클리드의 증명과 달리 자연수 체계 밖으로부터 나타난다.

1896년까지도 수학자들은 이 정리를 증명하지 못했다. 이 해에 이 정리는 프랑스 수학자 아다마르(Jacques S. Hardamard, 1865-1963)와 벨기에 수학자인 푸생(C.J. de la Vallée Poussin, 1866-1962)에 의해 독립적으로 증명되었다. 이것은 정리가 주장하는 관계가 처음으로 예측되고 거의 1세기 뒤의 일이었다. 두 증명은 모두 엄청나게 어렵고, 거의 1세기 동안 집중적인 노력을 기울였음에도 불구하고 전문 수학자를 제외하면 어느 누구도 그 증명을 이해할 수 없다.

　리만 시대 이래, 소수 정리는 해석적 수론이라 부르는 분야의 핵심적인 문제였다. 해석적 수론은 미적분학의 가장 발전된 방법을 사용하는 분야로서, 기술적인 면에서 수학 전체에서 가장 어려운 분야의 하나로 간주된다. 그리스 시대의 고적적인 수론과는 달리, 해석적 수론은 자연수 0, 1, 2, 3, … 속에 존재하는 관계와 상호 관계를 밝혀내기 위해서 연구 범위를 자연수에만 제한하지 않는다. 이것은 유리수와 무리수, 양수와 음수, 실수와 허수 등과 같이 서로 다른 수 사이의 무한과 무한의 싸움을 이끈다. 이 모든 것은 **복소수**의 깃발 아래 정돈되었다. 복소수는 반은 실수이고 반은 허수인 $x+yi$ 꼴의 수이다. $x=0$일 때 이것은 허수이다. $y=0$일 때 이것은 실수이다.

　이 방대한 배열에 비해서 자연수는 이름 그대로 그리고 형태적으로 수효에서 압도당한다. 그러나 자연수는 많은 것을 만들어냈지만, 여전히 많은 것을 간직하고 있다. 이렇게 다른 수를 사용해서 찾아낸 자연수에 관한 사실은 대단한 어려움을 겪고 밝혀낸 것이다. 우리가 얻은 것은 결코 쉽게 얻은 것이 아니다.

　자연 로그의 밑 e와 같은 수와 수 0, 1, 2, 3, … 사이의 관계에 관한 이야기에서, 모든 수의 기저를 이루는 일반성을 얼핏 알아보게 된다. 단순한 수열 0, 1, 2, 3, …에 내재되어 있는 자연수 사이의 관계와 같이, 서로 다른 종류의 수 사이의 관계는 자연수라는 기초 위에 벽들을 쌓아올려 세운 수 개념이라는 거대한 구조물 내에 내재해 있다.

놀라운 사실은 그런 관계가 존재한다는 것이 아니라, 그런 관계를 알아내고 증명하기가 대단히 어렵다는 것이다.

또 다른 문제

오일러가 수 e를 표현했던 무한 연분수는 다음과 같은 수열의 극한으로 정의한다.

$$2,\ 2+\cfrac{1}{1},\ 2+\cfrac{1}{1+\cfrac{1}{2}},\ 2+\cfrac{1}{1+\cfrac{1}{2+\cfrac{2}{3}}},\ 2+\cfrac{1}{1+\cfrac{1}{2+\cfrac{2}{3+\cfrac{3}{4}}}},\ 2+\cfrac{1}{1+\cfrac{1}{2+\cfrac{2}{3+\cfrac{3}{4+\cfrac{4}{5}}}}}\ \cdots$$

독자는 다음과 같이 처음 몇 개의 항을 계산해보고, 각 항이 교대로 e보다 크고 작으면서 e에 점점 더 접근해 가는 방법을 확인하는 즐거움을 맛볼 수 있을 것이다.

$e > 2$

$e < 2 + \cfrac{1}{1} = 3$

$$e > 2 + \cfrac{1}{1+\cfrac{1}{2}} = 2 + \cfrac{1}{3/2} = 2\,2/3 \text{ 또는 } 2.67$$

$$e < 2 + \cfrac{1}{1+\cfrac{1}{2+\cfrac{2}{3}}} = 2 + \cfrac{1}{1+\cfrac{1}{8/3}} = 2 + \cfrac{1}{1+3/8} = 2\,8/11 \text{ 또는 } 2.73$$

$$e > 2 + \cfrac{1}{1+\cfrac{1}{2+\cfrac{2}{3+\cfrac{3}{4}}}} =$$

$$e > 2 + \cfrac{1}{1+\cfrac{1}{2+\cfrac{2}{3+\cfrac{3}{4+\cfrac{4}{5}}}}} =$$

답

$e > 144/53$ 또는 2.717, $e < 280/103$ 또는 2.7184.

수에 관한 이야기 중에서 처음으로 다루었던 0은 수학사에서 가장 실용적인 발명이었다. 지금부터 알아보려는 무한 집합 이론은 가장 비실용적이라고 말할 수 있을 것이다. 그러나 수학적인 관점에서 볼 때, 이 이론은 비교할 수 없을 정도로 매우 중요하다.

현대 수학에서 무한 이론은 수론의 적절한 분야는 아니지만, (현대 수학의 모든 분야에 영향을 끼치고 있듯이) 이것은 현대 수론에 침투해 있으며, 이 책에서 고려했던 수에 대한 고찰로부터 매우 자연스럽게 전개된다. 이전의 장들에서 수학적으로 흥미로운 수들의 열은 한없이 계속되는 수열이라는 사실을 알아봤다. 만약 소수들이 유한하다면, 별로 흥미를 끌지 못했을 것이다. 그리고 완전수들이 결국 유한하다고 증명된다면, 이에 대한 관심은 단지 역사적인 것에 불과할 것이다. 짝수와 홀수, 소수와 합성수, 제곱수와 세제곱수, 신기한 오각수 등은 모두 무한하다. 자연수의 무한 수열 중에서 이런 무한 수열들은 현대적인 무한 이론의 초석을 이루는 혁명적인 사고를 최초로 암시했다.

이 개념을 이해하기 위해서는, 갈릴레오까지 거슬러 올라가야 한다. 그는 이 초석을 손 안에 갖고 있었지만 정당한 위치에 올리는 데는 실패했다. '4'에 관한 장에서 자연수 전체의 무한 집합에 있는 '만큼 많은' 원소가 제곱수의 무한 집합에도 존재한다는 사실을 갈릴레오가 지적한 방법을 알아봤다. 그의 주장은 매우 단순했다. 정의에 의해 모든 자연수에 대해 그 수의 제곱인 제곱수가 존재한다. 첫째 제곱수와 첫째 자연수, 둘째 제곱수와 둘째 자연수와 같이 짝짓기를 계속할 수 있다. 자연수가 고갈되기 전까지 제곱수도 결코 고갈되지 않는다. 그런데 자연수를 모두 고갈시킬 수 없기 때문에, 제곱수도 또한 모두 고갈시킬 수 없다. 같은 방법으로, 오른쪽 엄지손가락과 왼쪽 엄지손가락, 오른쪽 집게손가락과 왼쪽 집게손가락을 짝짓듯이, 오른손의 손가락들과 왼손의 손가락들을 짝지을 수 있다. 이렇게 짝짓기 해서 정확하게 같이 끝날 때, 한쪽 손에 있는 '만큼 많은' 손가락이 다른 쪽 손에 있다고 말한다. 갈릴레오는 이렇게 통상적으로 받아들여지는 '만큼 많은'을 결정하는 방법을 무한한 양으로 확장시켰을 뿐이다. 그는 자연수의 전체 수열에 속한 모든 수에 대응하는 제곱수가 존재한다는 사실을 지적했다. 제곱수와 자연수는 '무한대까지' 짝지을 수 있다. 겉으로 보기와는 달리 자연수'만큼 많은' 제곱수가 있다.

갈릴레오는 통상적으로 받아들여지는 '만큼 많은'을 결정하는 방법을 유한한 양에서 무한한 양으로 확장시켰을 뿐이라고 말할 때, 그의 업적을 무시하려는 의도는 없다. 왜냐하면 2000여 년 동안 이렇게 생각한 수학자는 전혀 없었기 때문이다. 그런데 현대적인 무한 이론에 매우 가까이 접근했던 갈릴레오는 더 이상 전진하지 못했다. 그는 자연수만큼 많은 제곱수가 존재한다는 사실을 논리적으로 보였다. 그리고 그는 스스로 다음과 같이 질문했다. 만약 자연수만큼 많은 제곱수가 존재한다면 제곱수의 개수는 자연수의 개수와 같다고 말할 수 있을까?

그렇다면 수학자들은 어떻게 이 질문에 대답했을까?

갈릴레오가 밝혔듯이, 자연수만큼 많은 제곱수가 존재한다면 이 두 집합이 같지 않다고 말할 수 없다. 한편, 분명히 제곱수가 아닌 자연수가 제곱수보다 훨씬 더 많이 존재한다. 이런 점에서, '4'에 관한 장에서 이미 알아봤듯이, 갈릴레오는 그 초석을 돌더미 위에 되돌려 놓았다.

"나는 다음과 같이 말하는 것 이외에, 이를 받아들일 수 있는데, 다른 결론을 찾을 수 없다. 자연수 전체는 무한하다. 제곱수도 무한하다. 그리고 제곱수의 개수는 자연수 전체의 개수보다 작지도 않고 크지도 않다. 그래서 결론적으로 같음, 많음, 적음 등과 같은 속성은 무한대에는 적용되지 않으며, 단지 유한한 양에만 적용된다."

300년 뒤, 수학자 칸토어(Georg Cantor, 1848-1918)는 '만큼 많은'에 대한 갈릴레오의 정의에 '같음'과 '같은 개수'의 개념이 내재되어 있음을 인식했다. 통상 유한한 양에만 적용되는 이런 개념을 무한대에 적용하기 위해서, 그는 유한 집합과 대립되는 무한 집합에 대한 매우 정확한 정의가 필요했다. 칸토어는 갈릴레오가 이미 제곱수와 자연수 전체 사이에서 인식했던 관계에서 그런 정의를 찾아냈다. 그렇지만 갈릴레오와 똑같은 방향에서 그의 발견이 이루어지지는 않았다.

칸토어는 다음과 같이 정의했다. **무한 집합은 자신의 진부분 집합과 일대일 대응이 성립할 수 있는 집합이다.**

이 정의는 분명히 유한 집합에 적용되지 않는다. 자연수와 제곱수를 결코 고갈시킬 수 없기 때문에 자연수 전체와 제곱수 전체를 일대일 대응시킬 수 있지만, 10보다 작은 제곱수들과 10보다 작은 자연수들을 일대일 대응시킬 수는 없다. 왜냐하면 다음과 같이 10보다 작은 자연수를 다 써버리기 전에 10보다 작은 제곱수를 다 써버리기 때문이다.

$\aleph_0$

모든 제곱수를 세면			10보다 작은 제곱수를 세면	
0	0		0	0
1	1		1	1
2	4		2	4
3	9		3	9
4	16	그러나	4	
5	25		5	
6	36		6	
7	49		7	
8	64		8	
9	81		9	
…	…			

여기에서 갈릴레오가 유한 집합과 구별되는 무한 집합의 근본적인 속성을 인식했다면, 칸토어보다 300년 전에 칸토어의 무한 이론을 그가 발견하지 못한 이유에 대해 질문하게 된다. 이 질문에 대한 답은 수학의 가장 오래된 공리 중 하나에서 발견된다. 그 공리는 유클리드의 **원론**에서 찾아볼 수 있는 공리로서, '전체는 부분보다 크다'는 명제이다. 갈릴레오는 전체(모든 자연수)가 부분(모든 제곱수)과 같다고 말함으로써 이 공리를 부정할 수 없었다. 그 대신에 그는 '같음'이라는 속성은 무한한 양에 적용될 수 없다고 결정했다. 칸토어는 근본적으로 전체가 부분보다 크다는 **이 공리를 무한한 양에 적용시킬 수 없다고** 말했다.

유클리드의 공리에 대한 칸토어의 혁명적인 반전은 매

우 단순하게 이런 반전이 무한한 양에서 성립한다는 사실에 그 수학적인 정당성이 있다. 즉, 이 반전은 모순을 낳지 않는다. 한편, 유한한 양에 적용되는 전체는 부분보다 크다는 공리를 무한한 양에 적용하면 모순이 나타난다. 칸토어 이전의 수학자들은 이런 모순을 해결하려고 헛된 노력을 했었다. 칸토어는 무한 집합을 유한 집합과 달리 자신의 부분과 일대일 대응될 수 있는 집합으로 정의함으로써 이 모든 문제를 해결했다.

칸토어의 무한 이론은 많은 **외관상의 모순**으로 유명하다. 예를 들면, 길이가 1인치인 선분에는 길이가 1마일인 선분에 있는 점만큼 많은 점이 있다는 사실을 증명할 수 있다. 또, 시간 전체에는 날(日)만큼 많은 해(年)가 있다는 사실도 또한 증명할 수 있다.[1] 그러나 이 두 가지 경우 모두

---

1. 짧은 선분에도 긴 선분에 있는 점만큼 많은 점이 있다는 사실을 증명하기 위해서, 선분 AB와 이것보다 긴 선분 CD를 선택해서 서로 평행한 위치에 놓고, 끝점 A, C와 B, D를 연결하자. 선분 AC와 BD를 연장해서 점 O에서 교차한다고 하자. 그러면 다음 그림과 같이 O로부터 두 선분 AB와 CD를 통과하도록 그린 임의의 선분이 점 P와 Q에서 각각 교차할 것이라는 사실을 쉽게 알 수 있다. 긴 선분의 각 점 Q에 대해 일대일 대응이 성립하도록 짝지을 수 있는 짧은 선분의 점 P가 존재하게 된다.

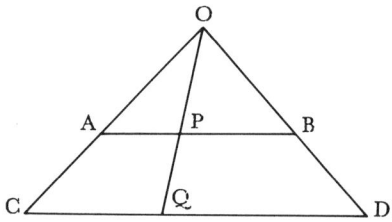

에서, 비교되는 집합들이 서로 같다는 증명과 다르다는 증명이 지지 받지못하는 위치에 있다고는 결코 밝힐 수 없다. 공리가 모순인 명제를 유도하지 않는다는 무모순에 대한 정당성은 수학자가 필요한 정당성 전부이다. 그러므로 수학자는 게임의 규칙에 의해 자신의 공리로부터 논리적으로 유도되는 모든 이론을 공식화할 수 있는 자유가 있다.

이것이 바로 칸토어의 연구 방법이었다. 그는 무한 집합을 자신의 부분과 일대일 대응시킬 수 있는 집합으로 정의한 다음, 짝지을 수 있는 무한 집합들을 **같다** 그리고 **같은 개수를 가진다**라고 정의했다.

양의 정수 전체의 집합과 일대일 대응시킬 수 있는 모든 무한 집합은 양의 정수 전체의 집합과 똑같은 **기수**(cardinal number)를 가진다. 이것은 마지막 양의 정수가 아니다. 왜냐하면 양의 정수에는 마지막이 없기 때문이다. 이것이 양의 정수 전체의 개수이다. 두 개 또는 세 개의 원소를 가진 집합에 적용되는 '얼마나 많이?'라는 질문에 대

시간 전체에는 날(日)만큼 많은 해(年)가 존재한다는 명제를 러셀(Bertrand Russell)이 **트리스트럼 샌디**(Tristram Shandy)의 역설이라고 부른다. 이야기에 따르면, 샌디는 2년 동안 자신의 인생에서 처음 이틀 동안의 사건을 자세히 열거하는 데 보냈고 이런 속도로 자신의 자서전을 저술하기가 점점 더 불가능해질 것이라는 사실에 슬퍼했다. 죽음을 면할 수 없는 샌디에게는 자명한 사실이었다. 그러나 자기 마음대로 영원한 생명을 가진 불멸의 샌디는 첫 해에 첫째 날의 사건을 설명하고, 둘째 해에는 둘째 날의 사건들을 설명하는 방식으로 계속해서 사건들을 하나씩 열거해 나갈 수 있을 것이다. 그리고 결국 그는 주어진 어떤 날까지의 자신에 관한 이야기를 마칠 수 있을 것이다.

한 답이 2 또는 3이듯이, 이것은 양의 정수 전체의 집합에 대한 '얼마나 많이?'라는 질문에 답하기 때문에 기수이다. 그러나 이것은 유한 집합이 아닌 무한 집합에 대한 답이기 때문에 완전히 새로운 종류의 기수이다. 칸토어는 이것을 **초한 기수**(transfinite cardinal)라고 불렀으며, 대담하게 이것에 이름을 붙였다. 그리스 사람들이 자신의 알파벳 글자를 사용해서 수를 일컬었듯이, 그는 히브리 알파벳의 첫 글자인 **알레프**를 따서 이름을 지었다. 알레프의 기호는 ℵ 이다.

당시까지 수열의 끝에 점 세 개를 추가하거나 기호 ∞로 표현된 무한대는 미완성 작업의 종국이었다. 즉, 영원히 증가하는 유한한 양이었다. 하나를 더하면 좀더 큰 양, 즉 좀더 큰 수를 언제나 얻을 수 있었으며 마지막 수는 없었다. 물론, 칸토어는 실제로 이런 과정을 전혀 바꾸지 않았다. 양의 정수들의 알레프는 마지막 수가 아니다. 이것은 또한 어떠한 양의 정수도 아니다. 양의 정수 자체에 대한 양의 정수들의 초한 기수와의 관계는 수 1의 진분수들에 대한 관계와 약간 비슷하다. 1은 자체로 분수가 아니다. 이것은 진분수들이 접근하는 한계이다. 아무리 큰 진분수를 선택하더라도(즉, 값에 있어서 1에 아무리 접근하더라도), 첫째 것보다 크고 1에 더 가까운 진분수가 언제나 존재한다. 그러나 1보다 크거나 같은 진분수는 없다. 이와 매우 유사한 방법으로, 자체로는 양의 정수가 아닌 이 특별한 알레프는 모든 양의 정수의 한계이다. 아무리 큰 양의 정수를 선택하더라도, 그보다 더 큰 또 다른 양의 정수가 언제나 존재한다. 그렇지만 이 수가 이 한계에 '더 가까운' 것은 아니다. 이 예에서, 수 1과 양의 정수들의 개수 사이의 근본적인 차이점은, 진분수들이 한계 1에 실제로 접근하는 반면에 양의 정수들은 커짐에 따라서 0으로부터 더 멀어진다는 이유 때문에 초한 기수에 가까워진다는 사실이다. 아무리 큰 양의 정수를 선택하더라도 결코 무한대에 '더 가까이' 접근할 수는 없다. 왜냐하면 그 수와 무한대 사이에는 양의 정수만큼의 무수히 많은 정수가 언제나 존재하기 때문이다.

무한대를 진행하는 과정에 있는 어떤 것이 아니라 존재하는 어떤 것으로 생각하는 것은, 즉 유한한 수와 같이 더하고 곱하며 거듭제곱하듯이 여러 가지 방법으로 다룰 수 있는 하나의 수로 생각하는 것은 인간의 마음 속에서 창조된 모든 발상과 같이 혁명적이었다. 모든 혁명적인 발상과 같이 이것도 인간의 정서와 적대적이었으며, 어림잡고 이해하기가 매우 어려웠다. 자신의 시대보다 훨씬 앞선 생각을 했으며 공식적인 발견자보다 훨씬 전에 많은 수학적 사실을 생각했던 가우스마저도 **완성된**(consummated) 무한에 대한 발상을 받아들일 수 없었다.

아마도 칸토어보다 더 완벽하게 자기의 생각만으로 어떤 분야를 정립한 위대한 수학자는 없었을 것이다. 그러나 그는 확고하게 정립했다.

"나는 논리적으로 강요받았지만, 내 의지와 거의 상반되었다. 왜냐하면 무한히 큰 것을 한없이 증가하는 형태만이 아니라 … '완성된 무한'의 명확한 형태로 수들을 사용해서 수학적으로 확립시키려는 생각에 대한 오랫동안의 과학적 탐구 과정에서 내가 존중해왔던 전통에 대립되었기 때문이었다. 그러나 나는 강력히 반대할 수 없는 것에 거슬러 어떠한 판단도 강요될 수 있다고는 믿지 않는다."

칸토어의 확신은 자신의 수학뿐만 아니라 수학 자체에 근거하고 있었다. 그는 항상 수학적 사고의 특유한 자유로움에 대해 알고 있었으며, 언젠가 다음과 같이 썼다.

"… 수학은 전개에서 매우 자유롭고, 그 개념들이 자체로 모순에 빠지지 않고 이미 형성되고 검증된 개념에 대해서 정의에 의해 결정된 확고한 관계들과 부합된다는 자명한 조건에만 지배를 받는다. 특히, 새로운 수의 도입에서 그것에 명확성을 부여하고 확실한 상황에서 예전의 수들과 주어진 경우에서 서로 식별할 수 있도록 만드는 관계를 부여하는 그런 정의를 내리면 충분하다. 어떤 수가 이런 모든 조건을 만족시키면, 그것을 수학에서 실존하는 실체로서 고려될 수 있고 반드시 고려되어야 한다."

칸토어는 이런 자유로움을 두려워하지 않았다. 그는 이를 규정한 조건들이 매우 엄격하고 독단적인 남용을 최소로 유지해야 한다는 점을 인식했다. 그는 또한 새로운 수학적 개념이 수학적으로 유용하지 않으면 지체 없이 소멸된다는 점도 인식했다. 완성된 무한에 대한 칸토어 개념의 수학적 건전성과 초한 기수의 수학적 유용성은 적절한 시기에 태어났다. 1918년 그가 죽기 이전에 이미, 그의 발상들은 매우 널리 받아들여졌다. 그리고 다음 몇 쪽에서 간단하게 설명할 초한 기수에 관한 산술은 이제 2×2와 마찬가지로 수학의 한 분야가 되었다.

칸토어는 무한한 양에 대한 기수를 정의한 뒤에 다음과 같은 두 가지의 중요한 명제를 만들었다. (1) 양의 정수 전체의 기수는 가장 작은 초한 기수이다. (2) 모든 초한 기수에 대해 그 다음으로 큰 초한 기수가 존재한다. 초한 기수 전체와 통상적인 유한 기수, 즉 자연수 전체 사이의 유사성은 분명하다. 최초의 수가 있고 항상 그 다음 수가 있으며 끝이 없다.

칸토어는 이런 초한 기수 모두를 알레프로 불렀지만, 각 알레프에 이 수열에서 차지하는 위치를 지시하는 아래 첨자를 붙였다. 초한 기수 중에서 최초이고 가장 작은 양의 정수 전체의 개수는 아래 첨자로 0을 붙여 $\aleph_0$으로 표기했다. 이를 '알레프-0'으로 읽는다. 다음으로 큰 초한 기수는 $\aleph_1$이고 그 다음으로 큰 것은 $\aleph_2$ 등과 같이 계속된다. 그러나 초한 기수의 이런 무한 수열이 초한 기수 전체를 모두 표현한다고 결론을 내리지는 말아야 한다. 왜냐하면 이런 모든 알레프의 합인 수가 존재하며, 칸토어가 말한 대로 "이것 이외에도 똑같은 방법으로 … 그 다음으로 크고 …

한없이 계속해서 진행하기 때문이다."

알레프-0으로 표시되는 무한보다 더 큰 예를 쉽게 찾을 수 있을까? 다시 말하면, 양의 정수들과 일대일 대응이 성립하지 않는 무한이 있을까?

그런 무한을 만들었을 뿐만 아니라 매우 간단한 방법으로 그런 무한을 만들었기 때문에, 이번 장에서 불과 몇 쪽으로 상세하게 설명할 수 있었던 것 이외에 무한 이론에 관해 결코 더 많이 알지 못하는 사람도 그의 증명을 따라가는데 전혀 어려움을 느끼지 않도록 만든 것이 바로 칸토어의 업적이었다. 그러나 그의 업적을 알아보기 위해서는, 양의 정수들이 제곱수 또는 소수와 같은 부분 집합과 일대일 대응이 성립할 수 있듯이 양의 정수 자체를 부분 집합으로 포함하는 무한 집합도 또한 양의 정수들과 일대일 대응이 성립할 수 있다는 사실을 반드시 깨달아야 한다.

양의 정수들과 실제로 똑같은 기수를 가지면서도 분명히 더 큰 무한의 예는 양의 유리수 전체의 무한 집합이다. '1'에 관한 장에서 언급한 대로, 유리수 전체의 집합은 두 정수의 비로 표시할 수 있는 모든 양을 포함한다. 1에 대한 정수의 비로 표현되는 양은 2/1=2와 같이 정수 자체이기 때문에, 유리수의 집합은 분수뿐만 아니라 양의 정수도 포함한다. 직관적으로 정수보다 훨씬 더 많은 유리수가 존재함을 알 수 있지만, 제곱수는 더 적게 존재함을 알 수 있다. 그런데 직관은 수학적 증명이 아니다. 유리수들을 셀 수 있다면, 원하는 경우 유한한 시간 내에 주어진 유리수까지 세기 위해서 주어진 분수 a/a_1와 1을 짝짓고 둘째 분수 b/b_2와 2를 짝지으며 이와 같이 계속할 수 있다.

자, 시작하자. 그런데 어떻게?

가장 작은 유리수는 존재하지 않는다.
그 다음으로 큰 유리수는 존재하지 않는다.

a/b가 '가장 작은' 유리수라면, 분모에 1을 더해서 a/b보다 작은 분수 $a/(b+1)$를 언제나 얻을 수 있다. 임의의 두 유리수 a/b와 c/d에 대해서, 이 두 수의 차가 아무리 작더라도 분모와 분자를 각각 더해서 두 수 사이에 놓이는 새로운 유리수를 언제나 만들 수 있다. a/b와 c/d 사이에 $(a+c)/(b+d)$가 놓인다.

그렇다면 알레프-0으로 표시되는 양의 정수들의 무한보다 더 큰 무한을 찾았는가? 아니다. 찾지 못했다. 왜냐하면 각 양의 정수와 짝지어지는 유일한 유리수를 찾을 수 있고, 유한하지만 충분한 시간이 주어지면 임의로 선택한 유리수까지 셀 수 있는 방법으로 (비록 크기순은 아니지만) 유리수의 나열이 가능하기 때문이다.

모든 유리수를 분자에 따라 분류된 부분 집합으로 나열하기 시작하자. 이 때, 공통 인자가 있는 분수를 제거해서 중복되지 않도록 한다. 그러면 유리수로 이루어진 무한히 많은 행을 얻는데, 다음과 같이 각 행은 양의 정수들과 일대일 대응이 분명히 성립한다.

```
1 ↔ 1/1  1/2  1/3  1/4  1/5 …
2 ↔ 2/1  2/3  2/5  2/7  2/9 …
3 ↔ 3/1  3/2  3/4  3/5  3/7 …
… ↔ …    …    …    …    …
```

그런데 각 열도 또한 다음과 같이 양의 정수들과 일대일 대응이 성립하는 무수히 많은 유리수를 포함한다.

```
 1    2    3    4    5    6   …
 ↕    ↕    ↕    ↕    ↕    ↕    ↕
1/1  1/2  1/3  1/4  1/5  1/6  …
2/1  2/3  2/5  2/7  2/9  2/11 …
3/1  3/2  3/4  3/5  3/7  3/8  …
 …    …    …    …    …    …
```

여기에서 무수히 많은 무한을 갖는다. 행을 따라 세어 가면, 첫 행의 끝까지 결코 다다르지 못하고, 이에 따라 둘째 행의 시작, 즉 유리수 2/1까지 결코 도달하지 못할 것이다. 열을 따라 세어 가면, 첫째 열의 끝에는 결코 도달하지 못하고, 이에 따라 둘째 열의 시작, 즉 1/2에 결코 도달하지 못할 것이다.

그러나 각 유리수를 유일한 양의 정수와 일대일 대응시킬 수 있고, 유한한 시간 내에 임의로 선택한 유리수까지 셀 수 있는 방법이 있다. 칸토어가 밝힌 대로, 똑같이 배열된 유리수들을 **대각선으로** 셀 수 있다.

```
1/1   1/2   1/3   1/4   1/5 ···
2/1   2/3   2/5   2/7   2/9 ···
3/1   3/2   3/4   3/5   3/7 ···
4/1   4/3   4/5   4/7   4/9 ···
5/1   5/2   5/3   5/4   5/6 ···
```

이 방법에 따라 유리수 1/1을 처음으로 세고, (위에 예시된 대로) 1/5을 세고 다음에 6/1을 세는 것과 같이 항상 다음 수로 진행할 수 있다. 2/1와 1/2에 도달하는 데 전혀 문제가 없다. 충분한 시간이 주어지면 임의로 선택된 유리수까지 분명히 셀 수 있다. 겉으로 보기와는 반대로, 유리수의 개수만큼 많은 양의 정수가 있다.

1	1/1
2	2/1
3	1/2
4	3/1
5	2/3

기타 등등

두 집합의 초한 기수는 똑같다. 그것은 알레프-0 이다. 양의 정수들과 일대일 대응이 성립하는 (달리 표현하면 양의 정수로 '셀'수 있는) 집합을 **가부번 집합**(denumerable set)이라고 부른다.

직관에 매우 반하는 결과를 알게 된 지금, 모든 초한 기수에 대해 그 다음 초한 기수가 존재한다는 칸토어의 주장에 따라서 양의 정수로 셀 수 없는 '더 큰' 집합, 간단하게 '비가부번' 집합을 찾을 수 있을까? 사실, 찾을 수 있다. 칸토어는 0과 1 사이의 무수히 많은 소수는 양의 정수들과 일대일 대응이 성립하지 않고 따라서 반드시 알레프-0 보다 더 큰 기수를 가진다는 사실을 스스로 밝혔다.

소수들은 유리수 및 두 개의 정수의 비로 나타낼 수 없는 $\sqrt{2}$와 같은 무리수를 포함한다. 소수 중에는 0의 열로 끝나는 것이 있고 어떤 자리 다음에는 같은 수들이 한없이 반복되는 것도 있으며 0의 열로 끝나지 않고 결코 반복되지도 않은 무리수를 나타내는 것도 있다. 이런 세 가지 형태의 모든 소수를 무한 소수로 간주할 수 있으며(첫째 형태는 0이 한없이 계속된다고 본다), 이 모든 소수를 다음과 같은 일반적인 꼴로 표현할 수 있다.

$$0.n_1 n_2 n_3 n_4 n_5 n_6 n_7 n_8 n_9 \cdots$$

여기에서 각 n은 소수에서 차지하는 자리를 나타낸다.

0보다 큰 첫째 유리수를 찾을 수 없듯이 첫째 소수를

찾을 수 없다. 그리고 그 다음 유리수를 찾을 수 없듯이 그 다음의 소수를 찾을 수도 없다. 그러나 첫째, 둘째 등과 같이 셀 수 있는 방법으로 유리수를 배열할 수 있고 임의로 선택된 유리수까지도 유한한 시간 내에 도달할 수 있었다. 소수와 정수가 일대일 대응이 성립하도록 소수들을 배열하는 이와 유사한 방법이 있을까?

수학에도 이런 질문에 대답하는 두 가지 방법이 있다. 즉, 배열을 만들거나 그런 배열이 가능하지 않음을 보이는 것이다. 칸토어는 후자의 방법을 선택했고, 그보다 2000년 전에 유클리드가 소수들이 무한함을 간단하고 매끄럽게 증명했듯이 이를 실현했다. ('3'에 관한 장으로부터) 유클리드가 모든 소수를 포함하는 유한 집합을 가정함으로써 시작했다는 사실을 알고 있다. 그리고 그는 이 집합의 소수들을 서로 곱한 다음 1을 더해서 그 집합에 포함되지 않는 소수, 또는 포함되지 않는 소인수를 가진 수를 언제나 만들 수 있음을 보였다. 그래서 모든 소수를 포함하는 유한 집합이 존재할 수 있다는 가정이 거짓임을 밝혔다. 따라서 소수들은 무한하다.

이것이 바로 칸토어가 따라간 방법이었다. 그는 0과 1 사이의 소수 전체의 집합과 양의 정수의 집합 사이에 일대일 대응이 성립하지 않는다는 사실을 증명하기 위해서, 즉 비가부번임을 밝히기 위해서, 어떤 명시되지 않은 배열에 의해 그런 대응이 가능하다고 가정했다. 그는 이 배열에 의해 결정되는 첫째 소수를 가정하고, 첫째 양의 정수와 짝을 지었다. 그리고 다음 소수를 가정하고 둘째 양의 정수와 짝을 지웠다. 이와 같이 계속 진행했다.

$$1 \leftrightarrow 0.a_1a_2a_3a_4a_5a_6a_7a_8a_9\cdots$$
$$2 \leftrightarrow 0.b_1b_2b_3b_4b_5b_6b_7b_8b_9\cdots$$
$$3 \leftrightarrow 0.c_1c_2c_3c_4c_5c_6c_7c_8c_9\cdots$$
$$\cdots \quad\quad \cdots$$

그러고 나서 그는 소수들과 정수들 사이에 일대일 대응이 성립한다는 가정이 거짓임을 밝혔다. 왜냐하면 그는 이런 배열에서 세어지지 않는 소수를 언제나 만들 수 있었기 때문이다. 그는 이런 방법으로 세어지지 않는 소수를 다음과 같이 나타냈다.

$$0.m_1m_2m_3m_4m_5m_6m_7m_8m_9\cdots$$

여기에서 m_1은 '첫째' 소수의 a_1과 다른 수이고 m_2는 '둘째' 소수의 b_2와 다른 수이며 m_3은 '셋째' 소수의 c_3과 다른 수이다. 다음에도 이와 같이 계속된다.[2] 이런 방법으로 형성된 소수는 '모든' 소수의 가정된 배열에 포함될 수 없다. 왜냐하면 이 수는 각 소수와 적어도 한 자리에서 다르

---

[2] 0.25와 같은 유한 소수는 무한 소수로 0.25000⋯ 또는 0.24999⋯와 같이 두 가지 방법으로 표현될 수 있기 때문에, 칸토어는 '모든' 소수의 무리에 이미 포함된 소수가 다른 형태의 소수로 새롭게 포함되는 것을 피하기 위해서 9가 반복되는 무한 소수를 제외시켰다.

기 때문이다. 이런 방법으로 소수의 무한은 양의 정수의 무한보다 더 크다는 사실이 밝혀진다. 이 두 집합은 일대일 대응이 성립할 수 없다. 소수들의 집합이 더 크기 때문에 이 집합의 기수도 더 커야만 한다.

0과 1 사이의 소수들은 수직선 위에서 아주 작은 부분만을 차지한다. 수직선은 직선 위의 모든 점에 대응하는 수를 제공하는 실수들의 연속체이다. 그러나 수직선의 이 부분에서 참인 사실은 전체의 연속체에서도 참이다. 그래서 칸토어는 이 새로운 초한 기수를 **연속체의 개수**(number of continuum)라 불렀고, 이를 나타내는 기호를 독일 알파벳에서 선택했다.

히브리 알파벳을 사용하지 않은 이유가 있었다. 왜냐하면 칸토어는 알레프 중에서 연속체의 개수가 차지할 자리를 찾지 못했기 때문이다. 그는 알레프-0이 가장 작은 초한 기수이고, 모든 초한 기수에 대해 그 다음으로 큰 초한 기수가 존재하며($\aleph_1$, $\aleph_2$, ⋯), 가장 중요한 사실로서 모든 초한 기수가 알레프의 열에 속한다고 말했었다. 그런데 그는 실수들의 연속체에서 알레프-0이 아니며 알레프-0보다 큰 초한 기수를 가진 수들의 집합을 만들었다. 그렇다면 이 초한 기수는 그 다음 알레프, 즉 알레프-1일까? 이것이 바로 그가 다음 세대의 수학자들에게 남긴 문제였다. 자연수에 대한 그리스 사람들의 문제와 같이 이 문제는 흥미롭고 단순했다. 그러나 이에 대한 답을 결국 찾았을 때, 수학자들은 그 답을 매우 불만족스럽게 생각했다.

칸토어 자신은 연속체의 개수가 실제로 알레프-1이라고 항상 믿었다. 이른바 **연속체 가설**(continuum hypothesis)이라고 불리는 이 추측에 대한 증명은 20세기 수학에서 대단히 큰 문제 중 하나가 되었다.

불행하게도 칸토어는 자신이 알레프에 대해 만들었던 모든 명제를 증명하지는 못했다. 그렇지만 (칸토어가 믿었듯이) 모든 무한 집합이 '정렬 집합'(well-ordered set)이라면, 그 명제들을 증명할 수 있었다. 여기에서 정렬 집합은 공집합이 아닌 모든 부분 집합이 첫째 원소를 갖는 방법으로 순서를 정할 수 있는 집합을 말한다. 그러나 이 정리는 나중에야 체르멜로(Ernst Zemelo, 1871-1953)에 의해 증명되었는데, 체르멜로는 이것을 증명하기 위해 **선택 공리**(axiom of choice)라고 부르는 새로운 공리에 의지해야 했다.

매우 비전문적인 말로 표현하면, 선택 공리는 선택을 위한 규칙이 전혀 없는 경우에도 무수히 많은 선택이 가능하다고 가정한다. 논리학자들 사이에서 인기 있는 예는 무한 가부번만큼 많은 신발 쌍과 양말 쌍을 양의 정수들과 일대일 대응시켜서 '세고' 싶은 사람의 경우이다. 이렇게 하기 위해서, 그는 반드시 각 쌍에서 '첫째' 신발과 '첫째' 양말을 선택하기 시작해야 한다. 신발의 경우 각 쌍에는 오른쪽과 왼쪽이었기 때문에 한 쌍에서 첫째 신발을 결정하는 것은 문제가 되지 않는다. 그렇지만 어떤 규칙에 따라 각 쌍으로부터 첫째 양말을 선택할 수 있겠는가? 선택 공리에 따르면, 그가 원하는 어떠한 양말이라도 취할 수 있다. 이것이 규칙이다. 선택 공리를 받아들이지 않는 수학자들은 선택을 위한 규칙이 없을 경우에는 선택할 수 있다고 가정할 수 없다고 말한다. 선택 공리를 옹호하는 대다수의 수학자들은 규칙이 있거나 없거나 선택할 수 있다고 말한다.

칸토어 시대 이래 무한 집합 이론은 유클리드가 **원론**에서 확립했던 모형에 따라 엄밀하게 공리화되었다. 기하학의 정리와 같이 집합론의 정리는 논리적으로 받아들인 가정, 즉 공리의 작은 집합으로부터 그리고 이와 똑같은 공리 집합으로부터 이미 유도된 정리로부터 논리적으로 유도되어야 한다. 그런데 선택 공리를 하나의 공리로 포함시켜야 하는지에 대해서는 약간의 회의가 언제나 있었다. 선택 공리가 없으면 무한 집합에 대한 중요하고 아름다운 많은 정리를 증명할 수 없다. 그러나 이것은 수학적 표현으로 '구성할 수 없는'(not constructive) 무한 집합에 대한 명제이다. 이런 명제는 많은 수학자를 불안하게 만든다. 심하게 말하면, 선택 공리를 증명에 이용하는 수학자조차도 그렇게 할 필요가 없다면 더 행복해 할 것이다. 불행하게도, 선택 공리는 연속체의 기수가 실제로 알레프 중 하나라는 칸토어의 명제를 증명하는 데도 필요하다. 이 명제는 연속체의 기수가 알레프-1이라는 그의 가설보다 분명히 훨씬 약한 명제이다.

칸토어 이후의 수학자들은 이와 같이 연속체의 개수가

실제로 알레프-0 다음의 알레프인 알레프-1이라고 항상 믿었다. 궁극적으로 어떤 수학자가 집합론의 공리들로부터 이 사실을 증명하거나 아니면 역시 집합론의 공리들로부터 그렇지 않다는 사실을 증명할 것이라고 수학자들은 또한 믿었다.

독일의 위대한 수학자 힐베르트(David Hilbert, 1862-1943)는 20세기 초에 행한 어떤 유명한 연설에서 다음과 같이 말했다. "풀리지 않는 어떤 명확한 문제[들]를 선택하자. …그것에 접근하는 방법이 전혀 없을 것으로 보이더라도 그리고 우리가 그것 앞에 아무리 무력하게 서 있더라도, 그럼에도 불구하고 우리는 순수하게 논리적인 유한 번의 과정을 통해 그것의 해답이 반드시 나타날 것이라는 확고한 신념을 갖고 있다."

"모든 명확한 수학적 문제는 제기된 질문에 대한 구체적인 답의 형태로 또는 [각의 삼등분 문제와 같은 경우처럼] 그것의 해결이 불가능하다는 증명과 모든 시도에 필수적인 실패에 의해서 필연적으로 정확하게 해결이 가능하다."는 힐베르트의 확신은, 선택 공리와 칸토어의 연속체 가설에 의해 제기된 문제와 관련해서 다가오는 세기에 가혹한 시험을 받게 되었다.

1938년 괴델(Kurt Gödel, 1906-1978)은 선택 공리가 다른 공리들로부터 **반증될 수 없음**을 밝혔다. 25년 뒤 미국의 젊은 수학자 코헨(Paul Cohen, 1934-)은 선택 공리가 다른 공리들로부터 **증명될 수 없음**을 밝혔다. 이 결과는 선택 공리에 대한 논쟁을 불식시켰다. 선택 공리는 다른 공리들과 **무모순**이고(괴델), 다른 공리들과 **독립적**이다(코헨). 선택 공리를 원한다면, 그것을 하나의 공리로 포함시켜야만 한다.

수학자들을 더욱 불안하게 만든 것은 코헨의 또 다른 결론이었다. 괴델은 연속체 가설이 집합론의 공리들로부터 **반증될 수 없음**을 밝혔다. 그런데 코헨은 그 공리들로부터 연속체 가설이 **증명될 수 없음**을 보였다. 수학자들이 그리스 시대 이래 실제로는 힐베르트 시대 이래 사용한 말로 표현하면, 연속체 가설에 의해 제기된 문제는 **결정 불가능**(undecidable)하다.

괴델 자신을 포함한 많은 수학자들은 이런 답을 매우 불만족스럽게 생각했다. 어떤 수학자의 말대로, 수학이 '최후의 진실'이라면 연속체의 개수는 알레프-1이거나 알레프-1이 아니다. 일부 수학자들은 연속체 가설의 문제에 대한 코헨의 풀이를 '미해결'(unsolving)이라고 언급했다. 그러나 코헨 자신은 이것이 우리가 얻을 수 있는 최상의 답이라고 생각하고 있다.

2000년 전의 수학자들은 "자신의 약수 전체의 합과 같은 수가 얼마나 많이 존재할까?"를 물었다. 오늘날의 수학자들도 또한 전통적인 수학의 확실성으로 연속체의 개수가 알레프-1인지 아닌지를 알고자 할 것이다. 두 문제는 모두

무한 산술

초한 기수에 관한 산술은 무한 이론 자체와 마찬가지로 모순 투성이이다. '둘 더하기 둘'이라는 질문은 통상적인 산술에서는 너무 간단해서 자명할 수도 있고, 너무 어려워서 아무도 답하지 못할 수도 있다.

실수 가운데 다양한 무한 집합에 관해 배운 사실을 상기한다면 다음 문제에 답할 수 있고, 본문에 있는 예를 들어 자신의 답을 밝힐 수 있을 것이다.

$$\aleph_0 + \aleph_0 =$$
$$2 \times \aleph_0 =$$
$$\aleph_0 \times \aleph_0 =$$

답

이 세 문제에 생성된 답은 모두 $\aleph_0$으로 같다. 각 문제에 대한 대답 예로 (1) 둘러싸기 정리, (2) 양의 정수의 등급, (3) 유리수 등이 될 수 있다.

찾아보기

가모, xv
가부번 집합, 220
가우스, 87,90,134-136,166,167,170-172,174,175,199,200,213
갈루아, 87
갈릴레오, 80-82,93,206-209
게셀, 21
결정 불가능, 227
결핍수, 111
계승, 68
골드바흐, 149
골드바흐의 가설, 149
공개 암호, 142
공집합, 17
과잉수, 111
괴델, 226,227
9, 163-180
구거법, 165
구의 법칙, 166
귀류법, 33
기수, 211

나누어 떨어진다, 10

나폴레옹, 151
네이피어, 188
네 제곱 정리, 150,154
농부의 곱셈, 45
뉴턴, 134,194
니코마코스, 148

다각수, 95,96
단치히, xv
데카르트, 194
두 제곱 정리, 91
디오판토스, 84-86,150,151
디오판토스 문제, 86
딕슨, 28,111

라그랑주, 151,154
라마누잔, 156
라이트, 61
라이프니츠, 43,44,48,68,194
라플라스, 44
러셀, 16
레머, xiv,121
로빈슨, xii, xiv, xv,110,118,122

찾아보기

루카스, 69-71,116,117
루카스의 소수 판정법, 70,71,118-121,137
리만, 201

말로, 87
메르센, 114-117,121
메르센 소수, 71,115,123-125
메르센 수, 71,143
무리수, 34,184
무한 강하법, 92
무한 곱, 103
무한대, 212
무한 몫, 103
무한 집합, 82, 208
무한 집합 이론, 205-228

바셰, 150,151
바스카라, 14
버질, 14
벨, xv,43,152
복소수, 202
부엘, 138
부정, 10-12
분할 이론, 100-102
브리그스, 188,189
비가부번 집합, 220
비트, 40

4, 77-94
　지구의 수, 77
산술의 기본 정리, 32
산학(디오판토스), 86-89,99,151
3, 55-75
상등 관계의 성질, 172
생성 함수, 102

선택 공리, 224
세제곱수, 147
셸리, 87
소수 사막, 63
소수 정리, 199-201
소수 판정법
　루카스의 방법, 70,71
　에라토스테네스의 체, 66
　윌슨의 정리, 67-69
소수, 28,55
　소수와 암호, 61
　소수의 무한성, 59
소인수 분해, 31
수론 연수(가우스), 87
수직선, 186
슈냐, 6
슈뢰더, xi
슬로빈스키, 124,125
시프르, 7
실수, 187
16 진법, 49,50
12 진법, 51
십플리, 25
쌍둥이 소수, 64
　샴의 쌍둥이 소수, 65
쌍 체계, 40

아다마르, 201
아르키메데스, 134,136
아벨, 87
IBM PC, 50,122
알레프-영($\aleph_0$), 205-228
암달의 6 인, 64,72
앤드루스, 51
야코비, 108
에라토스테네스, 66

찾아보기

에라토스테네스의 체, 66
SWAC, 118-123
연속체 가설, 224
연속체의 개수(기수), 223
0, 1-19
    영의 발명과 발견, 1
    영의 특성, 18
영, 138
5, 95-108
오각수, 95
오일러, 100,102,107,116,133,134, 151,175,192-195
오일러의 공식, 194
오일러의 수, 181,193
완전수, xiv, xv, 109-118,123-125
우스펜스키, 99
우호수, 125
워링, 67,151-158,171
워링의 문제(정리), 152-154
원론(유클리드), 56,58,209
윌슨, 67,68,152,171
윌슨의 정리, 67-69,170
유리수, 34,184
유클리드, 59,111,112,114,116,125, 201,221,225
6, 109-126
율리우스일, 167
의미 없음, 11
의미 있음, 11
2, 39-54
e, 181-204
e의 정의, 182,195,196
이진법, 39
이진 숫자, 40
이차 상호 법칙, 174,175
1, 21-37

수의 생성원, 24
0과의 관계, 26
1의 특성, 26
입방수, 147

자릿수 표기법, 3
자연 로그, 188
자연 로그의 밑, 190
자연수, vii,14,24
자연수의 무한성, 57
작도 문제, 128-130,135,136
'작은 지', 154-160
정렬 집합, 224
정수, 12
정칠각형, 128
제곱수, 78
    제곱수의 무한성, 80-83
주판, 2-4
줄리아, xiii-xvii
지구의 수, 77
지수 함수, 192
직사각수, 56
직선수, 56
짝수, 27

체르멜로, 224
초한 기수, 212
7, 127-145

칸토어, 208-216,218,220-225
컴퓨터, 39,47,110,118
코헨, 226,227
쿨리지, 88
Cray-2, 138
크로웰, xv, xvi
'큰 지', 157-160

키츠, 87

타르스키, xiv
턴불, 59
토드, 122
튜링, 110,117
8, 147-161
팔진법, 51
퍼스, 194
페르마, 86-93,99,100,130-134,150,151
페르마 수, 131-143
페르마의 마지막 정리, 90
평방수, 78
푸생, 201
피타고라스, 84
피타고라스 삼각형, 84

피타고라스 정리, 83
피타고라스 학파, 78,84,95,109,127,184

하디, 5,55,61,73,155,156,201
합동, 166
합동 관계의 성질, 172
합성수, 27,55
합성수의 무한성, 61
해석적 수론, 202
해석학, 195
허수, 188
헤이틴스, 122
홀수, 27
히슬렛, 99
힐베르트, xvi,226

FROM ZERO TO INFINTY

by Constance Reid

Copyright ⓒ 1992 by The Mathematical Association of America Washington, D. C.
Korean Translation Copyright ⓒ 1998 by KM KYUNG MOON

All rights reserved.

이 책의 한국어판 저작권은 저작권자와의 독점 계약으로
도서출판 경문사에 있습니다. 신저작권법에 의해 한국 내에서
보호를 받는 저작물이므로 무단전재 및 무단복제를 금합니다.

영부터 무한대까지
무엇이 수를 흥미롭게 만드는가

지은이 콘스탄스 리드
옮긴이 허민
펴낸이 박문규
펴낸곳 KM 경문사
펴낸날 1997년 10월 15일 1판 1쇄
   2009년 9월 1일 1판 4쇄
등 록 1979년 11월 9일 제9-9호
주 소 121-818, 서울특별시 마포구 동교동 184-17
전 화 (02) 332-2004 팩스 (02) 336-5193
이메일 kms2004@kyungmoon.com

값 9,000원

ISBN 89-7282-325-2

경문사 홈페이지에 오시면 즐거운 일이 생깁니다.
http://www.kyungmoon.com